普通高等教育"十一五"国家级规划教材

全国高校出版社优秀畅销书一等奖

中国高等院校计算机基础教育课程体系规划教材

丛书主编 谭浩强

C程序设计教程（第3版）学习辅导

谭浩强 编著

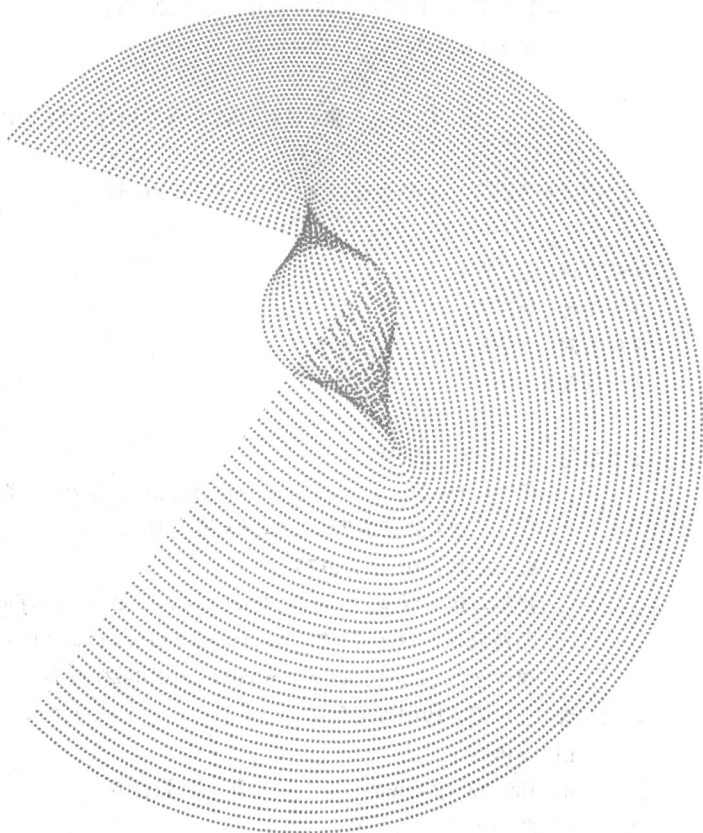

清华大学出版社

北 京

内 容 简 介

本书是与谭浩强所著的《C 程序设计教程(第 3 版)》(清华大学出版社出版)配合使用的参考书,全书可分 4 个部分。第一部分为《C 程序设计教程(第 3 版)》习题与参考解答,包括了该书各章的全部习题,对全部编程习题都给出了参考解答,包括 114 个程序;第二部分为常见错误分析和程序调试;第三部分为 C 语言上机指南,详细介绍了利用 Visual C++ 6.0 集成环境和 Visual Studio 2010 编辑、编译、调试和运行程序的方法;第四部分为上机实验,提供了学习本课程应当进行的 12 个实验。

本书内容丰富,实用性强,是学习 C 语言的一本好参考书,可作为《C 程序设计教程(第 3 版)》和其他 C 语言教材的参考书,既适合高等学校师生使用,也可供报考计算机等级考试者和其他自学者参考。

图书在版编目(CIP)数据

C 程序设计教程(第 3 版)学习辅导/谭浩强编著. —北京:清华大学出版社,2018 (2019.8重印)
(中国高等院校计算机基础教育课程体系规划教材)
ISBN 978-7-302-50383-5

Ⅰ.①C…　Ⅱ.①谭…　Ⅲ.①C 语言 – 程序设计 – 高等学校 – 教学参考资料　Ⅳ.①TP312.8

中国版本图书馆 CIP 数据核字(2018)第 122969 号

责任编辑:张　民
封面设计:何凤霞
责任校对:李建庄
责任印制:丛怀宇

出版发行:清华大学出版社
　　　　网　　　址:http://www.tup.com.cn,http://www.wqbook.com
　　　　地　　　址:北京清华大学学研大厦 A 座　　　　邮　　编:100084
　　　　社 总 机:010-62770175　　　　邮　　购:010-62786544
　　　　投稿与读者服务:010-62776969,c-service@tup.tsinghua.edu.cn
　　　　质量反馈:010-62772015,zhiliang@tup.tsinghua.edu.cn
　　　　课件下载:http://www.tup.com.cn,010-62795954
印 装 者:北京嘉实印刷有限公司
经　　销:全国新华书店
开　　本:185mm×260mm　　　　印　张:16　　　　字　数:381 千字
版　　次:2018 年 8 月第 1 版　　　　印　次:2019 年 8 月第 3 次印刷
定　　价:39.00 元

产品编号:078355-01

　　从20世纪70年代末、80年代初开始，我国的高等院校开始面向各个专业的全体大学生开展计算机教育。 面向非计算机专业学生的计算机基础教育牵涉的专业面广、人数众多，影响深远，它将直接影响我国各行各业、各个领域中计算机应用的发展水平。 这是一项意义重大而且大有可为的工作，应该引起各方面的充分重视。

　　三十多年来，全国高等院校计算机基础教育研究会和全国高校从事计算机基础教育的老师始终不渝地在这片未被开垦的土地上辛勤工作，深入探索，努力开拓，积累了丰富的经验，初步形成了一套行之有效的课程体系和教学理念。 高等院校计算机基础教育的发展经历了3个阶段：20世纪80年代是初创阶段，带有扫盲的性质，多数学校只开设一门入门课程；20世纪90年代是规范阶段，在全国范围内形成了按3个层次进行教学的课程体系，教学的广度和深度都有所发展；进入21世纪，开始了深化提高的第3阶段，需要在原有基础上再上一个新台阶。

　　在计算机基础教育的新阶段，要充分认识到计算机基础教育面临的挑战。

　　(1) 在世界范围内信息技术以空前的速度迅猛发展，新的技术和新的方法层出不穷，要求高等院校计算机基础教育必须跟上信息技术发展的潮流，大力更新教学内容，用信息技术的新成就武装当今的大学生。

　　(2) 我国国民经济现在处于持续快速稳定发展阶段，需要大力发展信息产业，加快经济与社会信息化的进程，这就迫切需要大批既熟悉本领域业务，又能熟练使用计算机，并能将信息技术应用于本领域的新型专门人才。 因此需要大力提高高校计算机基础教育的水平，培养出数以百万计的计算机应用人才。

　　(3) 21世纪，信息技术教育在我国中小学中全面开展，计算机教育的起点从大学下移到中小学。水涨船高，这样也为提高大学的计算机教育水平创造了十分有利的条件。

　　迎接21世纪的挑战，大力提高我国高等学校计算机基础教育的水平，培养出符合信息时代要求的人才，已成为广大计算机教育工作者的神圣使命和光荣职责。 全国高等院校计算机基础教育研究会和清华大学出版社于2002年联合成立了"中国高等院校计算机基础教育改革课题研究组"，集中了一批长期在高校计算机基础教育领域从事教学和研究的专家、教授，经过深入调查研究，广泛征求意见，反复讨论修改，提出了高校计算机基础教育改革思路和课程方案，并于2004年7月发布了《中国高等院校计算机基础教育课程体系2004》(简称CFC 2004)。 国内知名专家和从事计算机基础教育工作的广大教师一致认为CFC 2004提出了一个既体现先进性又切合实际的思路和解决方案，该研究成果具有开创性、针对性、前瞻性和可操作性，对发展我国高等院校的计算机基础教育具有重要的指导作用。 根据近年来计算机基础教育的发展，课题研究组先后于 2006、2008 和 2014 年发布了《中国高等院校计算机基础教育课程体系》的新版本，由清华大学出版社出版。

为了实现 CFC 提出的要求，必须有一批与之配套的教材。 教材是实现教育思想和教学要求的重要保证，是教学改革中的一项重要的基本建设。 如果没有好的教材，提高教学质量只是一句空话。 要写好一本教材是不容易的，不仅需要掌握有关的科学技术知识，而且要熟悉自己工作的对象，研究读者的认识规律，善于组织教材内容，具有较好的文字功底，还需要学习一点教育学和心理学的知识等。 一本好的计算机基础教材应当具备以下 5 个要素：

(1) 定位准确。 要明确读者对象，要有的放矢，不要不问对象，提笔就写。

(2) 内容先进。 要能反映计算机科学技术的新成果、新趋势。

(3) 取舍合理。 要做到"该有的有，不该有的没有"，不要包罗万象、贪多求全，不应把教材写成手册。

(4) 体系得当。 要针对非计算机专业学生的特点，精心设计教材体系，不仅使教材体现科学性和先进性，还要注意循序渐进，降低台阶，分散难点，使学生易于理解。

(5) 风格鲜明。 要用通俗易懂的方法和语言叙述复杂的概念。 善于运用形象思维，深入浅出，引人入胜。

为了推动各高校的教学，我们愿意与全国各地区、各学校的专家和老师共同奋斗，编写和出版一批具有中国特色的、符合非计算机专业学生特点的、受广大读者欢迎的优秀教材。 为此，我们成立了"中国高等院校计算机基础教育课程体系规划教材"编审委员会，全面指导本套教材的编写工作。

本套教材具有以下几个特点：

(1) 全面体现 CFC 的思路和课程要求。 可以说，本套教材是 CFC 的具体化。

(2) 教材内容体现了信息技术发展的趋势。 由于信息技术发展迅速，教材需要不断更新内容，推陈出新。 本套教材力求反映信息技术领域中新的发展、新的应用。

(3) 按照非计算机专业学生的特点构建课程内容和教材体系，强调面向应用，注重培养应用能力，针对多数学生的认知规律，尽量采用通俗易懂的方法说明复杂的概念，使学生易于学习。

(4) 考虑到教学对象不同，本套教材包括了各方面所需要的教材(重点课程和一般课程，必修课和选修课，理论课和实践课)，供不同学校、不同专业的学生选用。

(5) 本套教材的作者都有较高的学术造诣，有丰富的计算机基础教育的经验，在教材中体现了研究会所倡导的思路和风格，因而符合教学实践，便于采用。

本套教材统一规划，分批组织，陆续出版。 希望能得到各位专家、老师和读者的指正，我们将根据计算机技术的发展和广大师生的宝贵意见及时修订，使之不断完善。

全国高等院校计算机基础教育研究会荣誉会长
"中国高等院校计算机基础教育课程体系规划教材"编审委员会主任

谭浩强

　　C 语言是国内外广泛使用的计算机语言。 许多高校都开设了 "C 语言程序设计"课程。 作者于 1991 年编写了《C 程序设计》，由清华大学出版社出版，该书出版后，受到了广大读者的欢迎，大家普遍认为该书概念清晰、叙述详尽、例题丰富、深入浅出、通俗易懂，大多数高校选其作为教材。 该书已先后修订了 4 次，出了 5 版，重印 200 多次，累计发行 1400 多万册，为国内外同类书之首。

　　由于全国各地区、各类学校情况不尽相同，对 C 语言的教学要求学时数也有所差别。 因此，作者除了编写出版《C 程序设计》外，还针对部分学时较少的学校的情况，于 2007 年编写出版《C 程序设计教程》一书，适当减少内容，紧扣基本要求，突出重点，同时编写出版了《C 程序设计教程学习辅导》一书。 2018 年，作者对《C 程序设计教程》一书再次进行修订，出版了《C 程序设计教程（第 3 版）》，同时也对《C 程序设计教程学习辅导》进行了修订，出版了《C 程序设计教程（第 3 版）学习辅导》，即本书。

　　本书包括 4 个部分。

　　第一部分是 "《C 程序设计教程（第 3 版）》习题与参考解答"。 在这一部分中包括了《C 程序设计教程（第 3 版）》一书的全部习题，并提供了参考解答。 除对其中少数概念问答题，由于能在教材中直接找到答案，不另给出答案外，对所有编程题一律给出参考解答，包括程序清单和运行结果。 对于相对简单的问题，只给出程序清单和运行结果，不作详细说明，以便给读者留下思考的空间。 对于一些比较复杂的问题还对算法进行了详细的分析介绍，给出流程图，并在程序中加注释以便于读者理解。 对少数难度较大的题目(如链表的插入、删除等)还作了比较详细的文字说明。 对有些题目，我们给出了两种参考解答，供读者参考和比较，以启发思路。 全部程序都在 Visual C++ 6.0 环境下调试通过。

　　本书提供的 114 个不同类型、不同难度的题目，可以作为读者学习《C 程序设计教程（第 3 版）》的补充材料。 希望教师和同学们能善于利用这部分内容。 教师可以根据教学要求和学生的情况，从习题中指定学生必须完成若干题目，目的是希望通过完成这些习题巩固消化教材中的内容，同时能帮助读者举一反三，深入思考。

　　习题中包括了不少有价值的、适用于教学的典型问题。 由于篇幅和课时的限制，在教材和讲授中不可能介绍很多例子，只能介绍一些典型的例题。 教师可以从习题中选一些，作为补充例题在课堂上讲授。 对于一般读者，不必要求他们全部完成这些题目，但是可以提倡他们直接阅读参考解答，这对于开阔眼界，丰富知识，理解不同的程序，了解有关算法，掌握编程思路，是大有裨益的。 对 C 程序设计有兴趣、有基础的读者，最好能多选一些题目独立完成编程，对提高编程水平会有很大的帮助。 有人说：如果能独立完成这些题目的编程，学习 C 语言就基本过关了。

应该说明，本书给出的程序并非是唯一正确的解答，甚至不一定是最佳的一种。对同一个题目可以编出多种程序，我们给出的只是其中的一种或两种，而且程序尽可能便于初学者容易理解，不一定直接搬用于专业的程序设计中。 读者在使用本书时，千万不要照抄照搬，读者完全可以编写出更好、更专业的程序。

第二部分是"常见错误分析和程序调试"。 作者根据多年教学经验，总结了学生在编写程序时常出现的问题，以提醒读者少犯类似错误。 此外，介绍了调试程序的知识和方法，为上机实验打下基础。

第三部分是"C 语言上机指南"。 介绍了目前常用的 Visual C++ 6.0 和 Visual Studio 2010 集成环境下的上机方法，使读者上机练习有所遵循。

第四部分是"上机实验"。 在这部分中提出了上机实验的要求，介绍了程序调试和测试的初步知识，并且安排了 12 个实验，便于进行实验教学。

本书不仅可以作为《C 程序设计教程（第 3 版）》的参考书，而且可以作为任何 C 语言教材的参考书；既适用于高等学校教学，也可供报考计算机等级考试者和其他自学者参考。

南京大学金莹老师以及薛淑斌高级工程师和谭亦峰工程师参加本书的收集材料以及部分编写和调试程序的工作。

本书难免会有错误和不足之处，作者希望得到广大读者的指正。

谭浩强

2018 年 5 月于清华园

CONTENTS

目 录

第四部分　上 机 实 验

第一部分

《C 程序设计教程(第3版)》
习题与参考解答

第1章

程序设计和 C 语言

1.1　上机运行本章 3 个例题,熟悉所用系统的上机方法与步骤。

解:略。

1.2　请参照本章例题,编写一个 C 程序,输出以下信息:

```
****************************
        Very Good!
****************************
```

解:编写程序如下:

```c
#include <stdio.h>
int main()
{ printf(" ***********************\n \n");
  printf("      Very  Good! \n \n");
  printf(" ***********************\n");
  return 0;
}
```

运行结果:

```
****************************
        Very Good!
****************************
```

1.3　编写一个 C 程序,输入 a,b,c 三个值,输出其中最大者。

解:编写程序如下:

```c
#include <stdio.h>
int main()
{ int a,b,c,max;
  printf("please input a,b,c:\n");
  scanf("%d,%d,%d",&a,&b,&c);
  max=a;
  if (max<b)
    max=b;
  if (max<c)
```

```
    max = c;
    printf("The largest number is %d \n", max);
    return 0;
}
```

运行结果:

```
please input a,b,c:
18, -43,34↙
The largest number is 34
```

1.4 先后输入50个学生的学号和成绩,要求将其中成绩在80分以上的学生的序号和成绩立即输出。请用传统流程图表示其算法。

解:见图1-1。

1.5 求 $1 + \dfrac{1}{2} + \dfrac{1}{3} + \dfrac{1}{4} + \cdots + \dfrac{1}{99} + \dfrac{1}{100}$。请用传统流程图和结构化流程图表示其算法。

解:传统流程图见图1-2,结构化流程图见图1-3。

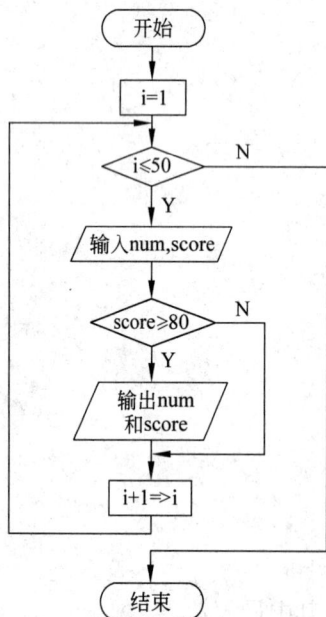

图 1-1

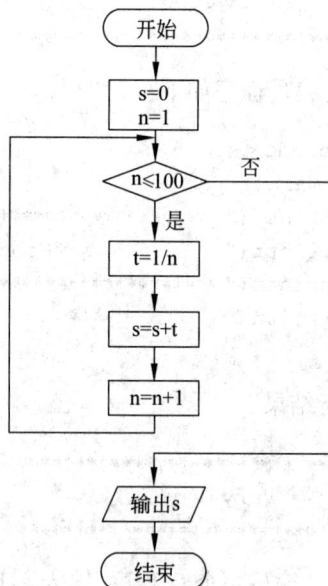

图 1-2

1.6 输入一个年份year,判定它是否是闰年,并输出它是否是闰年的信息。请用结构化流程图表示其算法。

解:闰年的条件是符合下面二者之一:

① 能被4整除,但不能被100整除,如2016。

② 能被4整除,又能被400整除,如2000(注意,能被100整除,不能被400整除的年份不是闰年,如

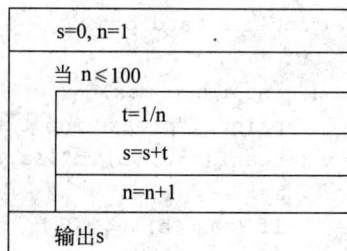

图 1-3

2100）。

画出 N-S 流程图，见图 1-4。

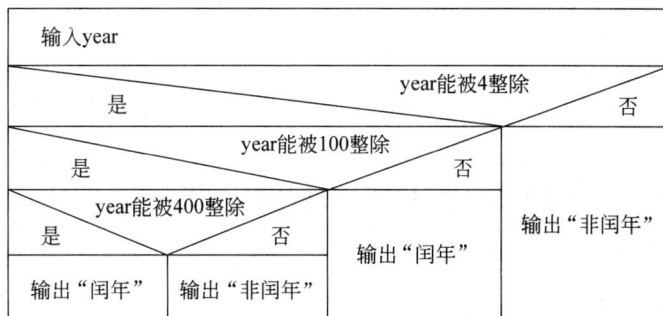

图 1-4

1.7 给出一个大于或等于 3 的正整数，判断它是不是一个素数。请用伪代码表示其算法。

解：所谓素数（prime number）是指除了 1 和它本身之外，不能被其他任何整数整除的整数。例如 17 是一个素数，因为它不能被 2 ~ 16 的任何整数整除。而 21 不是素数，因为它能被 3 和 7 整除。要判定一个整数 m 是否是素数，只要把 m 被 2 ~（m−1）的各整数整除，如果都除不尽，m 就是素数。用伪代码表示的算法如下：

```
begin                                    (算法开始)
input m                                  (输入 m)
i = 2                                    (除数从 2 开始)
while (i <= m−1)                         (一直进行到被 m−1 除)
    {if (m%i is equal to 0) flag = 1     (如果 m 被 i 整除，使标志 flag 的值为 1)
     i = i + 1                           (i 加 1，准备下一次循环)
    }
    if flag is equal to 1 , print m is not a prime number
                                         (如果 flag 的值为 1，输出 m 不是素数)
    else m is a prime number            (否则 m 是素数)
end                                      (算法结束)
```

💡 **说明**：用伪代码写算法时，上面右侧括号内的说明是不需要的。由于有的读者对用伪代码表示算法不太习惯，所以在此加上必要的说明。从上面可以看到，用伪代码写算法，书写灵活，格式自由，修改方便，中英文均可，它是写给人看的（不是让计算机执行的），只要自己和别人能看懂就行。专业人员一般喜欢用伪代码，尽量写得接近计算机语言的形式，以便容易转换为源程序。

1.8 请尝试根据习题 1.4 的算法，用 C 语言编写出程序，并上机运行。

解：编写程序如下：

```c
#include <stdio.h>
int main()
  { int i,num,score;
    i = 1;
```

```
   while (i<=50)
    {scanf("%d,%d",&num,&score);
     if(score>=80) printf("%d,%d\n",num,score);
     i=i+1;
     }
   return 0;
    }
```

1.9　请尝试根据习题1.5的算法,用C语言编写出程序,并上机运行。

解：编写程序如下：

```
#include<stdio.h>
int main()
  { int n;
   float sum,term;
   sum=0;
   n=1;
   while (n<=100)
    { term=1.0/n;              //term代表多项式中的某一项的值
     sum=sum+t;               //把各项累加到sum中
      n=n+1;                  //使n的值加1,准备求下一项
      }
    printf("%f\n",sum);       //输出总和
    return 0;
    }
```

运行结果：

```
5.187378
```

💡**说明**：第8行"term=1.0/n;",分子是1.0,表示是实数,如果写成"term=1/n;",在C语言中规定两个整数相除,结果是整数,因此当n>1时,1/n的值总是等于0,最后结果显然不正确。读者可以上机试验一下。关于这个问题,在学习第2章之后会进一步理解的。

1.10　请尝试根据习题1.6的算法,用C语言编写出程序,并上机运行。

解：编写程序如下：

```
#include<stdio.h>
int main()
  { int year;
   scanf("%d",&year);
   if(year%4==0)                          //若year能被4整除
    {if(year%100==0)                      //还能被100整除
     if(year%400==0)                      //还能被400整除
        printf("%d is a leap year.\n",year);     //是闰年
       else printf("%d is not a leap year.\n",year);
                                          //不能被400整除的不是闰年
      else printf("%d is a leap year.\n",year); //能被4整除不能被100整除的是闰年
```

```
        }
        else printf("%d is  not a leap year. \n",year);    //不能被4整除的不是闰年
        return 0;
    }
```

运行结果：

<u>2100</u>↙
2100 is not a leap year.

1.11　请尝试根据习题1.7的算法，用C语言编写出程序，并上机运行。

解：编写程序如下：

```
#include<stdio.h>
int main()
  { int m,i,flag;
    scanf("%d",&m);                    //输入要检测的整数
    i=2;
    while (i<=m-1)
     {if (m%i==0) flag=1;
      i=i+1;
     }
    if (flag==1)  printf("%d is not a prime number. \n",m);
    else   printf("%d is a prime number. \n",m);
    return 0;
  }
```

运行结果：

<u>17</u>↙
17 is a prime number.

🔍 **程序分析**：实际上，m不必被2~(m-1)的全部整数除，只要被2~m的平方根之间的全部整数除即可。例如，为了判别17是否素数，只要把17被2,3,4除即可。请读者思考是什么原因？程序第6行可改为

```
while (i<=sqrt(m))                    //sqrt是求平方根的函数
```

如果程序中使用了C函数库中的数学函数(包括sqrt)，应在程序开头写预处理指令：

```
#include<math.h>
```

💡 **说明**：第1章是学习C程序设计的预备知识，并未系统介绍C语言的语法知识以及算法和编程的知识。本章的习题，目的是使读者尽早接触算法，接触程序。习题1.8~习题1.11是编程题，可能许多读者感到有些困难，希望读者能尝试一下，即使编写的程序有些问题，也没关系，可以提高对程序的兴趣，培养主动学习、善于发展知识的创造精神。如果确实编程有困难，也可以直接阅读上面的程序，能大体看懂程序就是一个收获，可以为后面的学习打下较好的基础。

第2章 最简单的 C 程序设计——顺序程序设计

2.1 求下面算术表达式的值：

(1) x+a%3*(int)(x+y)%2/4

设 x=2.5,a=7,y=4.7

(2) (float)(a+b)/2+(int)x%(int)y

设 a=2,b=3,x=3.5,y=2.5

解：

(1) 2.5

(2) 3.5

2.2 分析下面程序的运行结果，然后上机验证。

```c
#include<stdio.h>
int main()
  { int i,j,m,n;
    i=8;
    j=10;
    m=++i;
    n=j++;
    printf(%d,%d,%d,%d,%d\n",i,j,m,n);
    return 0;
  }
```

解：

9,11,9,10

2.3 上机运行下面的程序，分析输出结果(其中有些输出格式在本章中没有详细介绍，但在主教材的表2.6和表2.7中可以查到。可以通过运行此程序了解各种格式输出的应用)。

```c
#include<stdio.h>
int main()
  {
```

```
    int a =5,b =7;
    float x =67.8564, y = -789.124;
    char c = 'A';
    long n =1234567;
    unsigned u =65535;
    printf("%d%d\n",a,b);
    printf("%3d%3d\n",a,b);
    printf("%f,%f\n",x,y);
    printf("% -10f,% -10f\n",x,y);
    printf("%8.2f,%8.2f,%.4f,%.4f,%3f,%3f\n",x,y,x,y,x,y);
    printf("%e,%10.2e\n",x,y);
    printf("%c,%d,%o,%x\n",c,c,c,c);
    printf("%ld,%lo,%x\n",n,n,n);
    printf("%u,%o,%x,%d\n",u,u,u,u);
    printf("%s,%15s\n","COMPUTER", "COMPUTER");
    return 0;
}
```

解：运行结果：

```
57
 5  7
67.856400, -789.124023
67.856400, -789.124023
   67.86, -789.12,67.856400, -789.124023,67.856400, -789.124023
6.785640e +01, -7.89e +02
A,65,101,41
1234567,4553207,d687
65535,177777,ffff, -1
COMPUTER,    COM
```

2.4　用下面的 scanf 函数输入数据，使 a =3,b =7,x =8.5,y =71.82,c1 ='A',c2 =
'a'。问在键盘上如何输入？

```
#include < stdio.h >
int main()
  { int a,b;
    float x,y;
    char c1,c2;
    scanf("a =%d b =%d", &a, &b);
    scanf("%f %e", &x, &y);
    scanf("%c %c", &c1, &c2);
    printf("a =%d,b =%d,x =%f,y =%f,c1 =%c,c2 =%c \n",a,b,x,y,c1,c2);
    return 0;
  }
```

解：可按以下方式在键盘上输入：

```
a=3  b=7↙
8.5  71.82A a↙
```

输出为

a=3,b=7,x=8.500000,y=71.820000,c1=A,c2=a

请注意：在输入 8.5 和 71.82 两个实数给 x 和 y 后紧接着输入字符 A，中间不要有空格，由于 A 是字母而不是数字，系统在遇到字母 A 时就确定输入给 y 的数值已结束。字符 A 就送到下一个 scanf 语句中的字符变量 c1。如果在输入 8.5 和 71.82 两个实数后输入空格符，如下：

```
a=3 b=7↙
8.5 71.82 A a↙
```

结果会怎么样呢？这时 71.82 后面的空格字符就被 c1 读入，c2 读入了字符 A。在输出 c1 时就输出空格。

输出为

a=3,b=7,x=8.500000,y=71.820000,c1= ,c2=A

如果在输入 8.5 和 71.82 两个实数后输入回车符，会怎么样呢？

```
a=3 b=7↙
8.5 71.82↙
A a↙
```

输出为

a=3,b=7,x=8.500000,y=71.820000,c1=
,c2=A

这时"回车"被作为一个字符送到内存输入缓冲区，被 c1 读入（实际上 c1 读入的是回车符的 ASCII 码），字符 A 被 c2 读取，所以在执行 printf 函数输出 c1 时，就输出一个回车符，输出 c2 时就输出字符 A。

在用 scanf 函数输入数据时往往会出现一些意想不到的情况，例如连续输入不同类型的数据（特别是数值型数据和字符数据连续输入）的情况。要注意回车符是可能被作为一个字符读入的。

读者在遇到类似情况时，上机多试验一下就可以找出规律。

2.5　输入一个华氏温度，要求输出摄氏温度。公式为

$$C = \frac{5}{9}(F - 32)$$

输出要有文字说明，取两位小数。

解：编写程序如下：

```
#include<stdio.h>
int main()
  { float c,f;
```

```
        printf("请输入一个华氏温度:");
        scanf("%f",&f);
        c = (5.0/9.0) * (f-32);              //注意 5 和 9 要用实型表示,否则 5/9 值为 0
        printf("摄氏温度为:%5.2f\n",c);
        return 0;
    };
```

运行结果:

请输入一个华氏温度: <u>91</u>↙
摄氏温度为: 32.78

2.6　设圆半径 r=1.5,圆柱高 h=3,求圆周长、圆面积、圆球表面积、圆球体积、圆柱体积。用 scanf 输入数据,输出计算结果,输出时要求有文字说明,取小数点后两位数字。请编写程序。

解: 编写程序如下:

```
#include<stdio.h>
int main()
  { float h,r,l,s,sq,vq,vz;
    float pi=3.141526;
    printf("请输入圆半径 r,圆柱高 h: ");
    scanf("%f,%f",&r,&h);              //要求输入圆半径 r 和圆柱高 h
    l=2*pi*r;                          //计算圆周长 l
    s=r*r*pi;                          //计算圆面积 s
    sq=4*pi*r*r;                       //计算圆球表面积 sq
    vq=3.0/4.0*pi*r*r*r;              //计算圆球体积 vq
    vz=pi*r*r*h;                       //计算圆柱体积 vz
    printf("圆周长为:    l=%6.2f\n",l);
    printf("圆面积为:    s=%6.2f\n",s);
    printf("圆球表面积为: sq=%6.2f\n",sq);
    printf("圆球体积为:   vq=%6.2f\n",vq);
    printf("圆柱体积为:   vz=%6.2f\n",vz);
    return 0;
  }
```

运行结果:

请输入圆半径 r,圆柱高 h: <u>1.5,3</u>↙
圆周长为: l=9.42
圆面积为: s=7.07
圆球表面积为: sq=28.27
圆球体积为: vq=7.95
圆柱体积为: vz=21.21

💡 **说明**: 如果用 Visual C++ 6.0 中文版对程序进行编译,在程序中可以使用中文字符串。在输出时也能显示汉字。如果用无中文显示功能的编译系统,则无法使用中文字符串,读者可以改用英文字符串。

2.7　从银行贷了一笔款 d,准备每月还款额为 p,月利率为 r,计算多少个月能还清。设 d 为 300 000 元,p 为 6000 元,r 为 1%。对求得的月份取小数点后一位,对第二位按四舍五入处理。

提示:计算还清月数 m 的公式如下:

$$m = \frac{\log p - \log(p - d \times r)}{\log(1 + r)}$$

可以将公式改写为

$$m = \frac{\log\left(\dfrac{p}{p - d \times r}\right)}{\log(1 + r)}$$

C 的库函数中有求对数的函数 log10,是求以 10 为底的对数,log(p) 表示 logp。

解:根据以上公式可以很容易写出以下程序:

```c
#include<stdio.h>
#include<math.h>
int main()
  { float d=300000,p=6000,r=0.01,m;
    m=log10(p/(p-d*r))/log10(1+r);
    printf("m=%6.1f\n",m);
    return 0;
  }
```

运行结果:

```
m=69.7
```

即需要 69.7 个月才能还清。为了验证对第二位小数是否已按四舍五入处理,可以将程序第 6 行中的"%6.1f"改为"%6.2f"。此时的输出为

```
m=69.66
```

可知前面的输出结果是对第二位小数按四舍五入处理的。

2.8　请编写程序将"China"译成密码,密码规律是:用原来的字母后面第 4 个字母代替原来的字母。例如,字母 A 后面第 4 个字母是 E,用 E 代替 A。因此,"China" 应译为"Glmre"。请编写程序,用赋初值的方法使 c1,c2,c3,c4,c5 这 5 个变量的值分别为'C','h','i','n','a',经过运算,使 c1,c2,c3,c4,c5 分别变为'G','l','m','r','e',并输出。

解:编写程序如下:

```c
#include<stdio.h>
void main()
  { char c1='C',c2='h',c3='i',c4='n',c5='a';
    c1=c1+4;
    c2=c2+4;
    c3=c3+4;
    c4=c4+4;
```

```
        c5 = c5 + 4;
        printf("password is %c%c%c%c%c \n",c1,c2,c3,c4,c5);
    }
```

运行结果：

```
password is Glmre
```

2.9　编写程序,用 getchar 函数读入两个字符给 c1,c2,然后分别用 putchar 函数和 printf 函数输出这两个字符。思考以下问题：

(1) 变量 c1,c2 应定义为字符型或整型？或二者皆可？

(2) 要求输出 c1 和 c2 值的 ASCII 码,应如何处理？用 putchar 函数还是 printf 函数？

(3) 整型变量与字符变量是否在任何情况下都可以互相代替？如：

```
char c1,c2;
```

与

```
int c1,c2;
```

是否无条件地等价？

解：编写程序如下：

```
#include < stdio.h >
int main()
    {   char c1,c2;
        printf("请输入两个字符 c1,c2:");
        c1 = getchar();
        c2 = getchar();
        printf("用 putchar 语句输出结果为:");
        putchar(c1);
        putchar(c2);
        printf(" \n");
        printf("用 printf 语句输出结果为:");
        printf("%c %c \n",c1,c2);
        return 0;
    }
```

运行结果：

```
请输入两个字符 c1,c2: ab↙
用 putchar 语句输出结果为: ab
用 printf 语句输出结果为: a b
```

请注意：连续用两个 getchar 函数时是怎样输入字符的？如果用以下方法输入：

```
a↙
b↙
```

得到以下运行结果：

用 putchar 语句输出结果为：a

　　（空一行）

用 printf 语句输出结果为：a

（空一行）

　　因为第1行将 a 和回车符输入到内存的输入缓冲区，因此 c1 得到 a，c2 得到一个回车符。在输出 c2 时就会产生一个回车换行，而不会输出任何可显示的字符。在实际操作时，只要输入了"a↙"，系统就会认为用户已输入了两个字符。所以应当连续输入 ab 两个字符，然后再按"回车"键，这样就保证了 c1 和 c2 分别得到字符 a 和 b。

　　回答思考问题：

　　（1）c1 和 c2 可以定义为字符型或整型，二者皆可。

　　（2）可以用 printf 函数输出，在 printf 函数中用%d 格式符，即：

```
printf("%d,%d\n",c1,c2);
```

　　（3）字符变量在计算机内占1个字节，而整型变量占4个字节。因此，整型变量在可输出字符的范围内（ASCII 码为 0～255 的字符）是可以与字符数据互相转换的。如果整数在此范围外，不能代替。

　　请分析以下3个程序。

　　程序1：

```
#include<stdio.h>
int main()
  { int c1,c2;                                 //定义整型变量
    printf("请输入两个整数c1,c2:");
    scanf("%d,%d",&c1,&c2);
    printf("按字符输出结果:\n");
    printf("%c,%c\n",c1,c2);
    printf("按ASCII码输出结果:\n");
    printf("%d,%d\n",c1,c2);
    return 0;
  }
```

运行结果：

请输入两个整数 c1,c2:97,98↙

按字符输出结果：

a,b

按 ASCII 码输出结果：

97,98

　　程序2：

```
#include<stdio.h>
int main()
  { char c1,c2;                                 //定义字符型变量
```

```
        int i1,i2;                              //定义整型变量
        printf("请输入两个整数 c1,c2:");
        scanf("%c,%c",&c1,&c2);
        i1 = c1;                                //赋值给整型变量
        i2 = c2;
        printf("按字符输出结果:\n");
        printf("%c,%c\n",i1,i2);
        printf("按整数输出结果:\n");
        printf("%d,%d\n",c1,c2);
        return 0;
    }
```

运行结果:

请输入两个整数 c1,c2: a,b↙
按字符输出结果:
a,b
按整数输出结果:
97,98

程序 3:

```
#include < stdio.h >
int main()
    {   char c1,c2;                             //定义字符型变量
        int i1,i2;                              //定义为整型变量
        printf("请输入两个整数 i1,i2:");
        scanf("%d,%d",&i1,&i2);
        c1 = i1;                                //将整数赋值给字符变量
        c2 = i2;
        printf("按字符输出结果:\n");
        printf("%c,%c\n",c1,c2);
        printf("按整数输出结果:\n");
        printf("%d,%d\n",c1,c2);
    }
```

运行结果:

请输入两个整数 i1,i2: 289,330↙
按字符输出结果:!,J
按整数输出结果:33,74

请注意 c1 和 c2 是字符变量,只占 1 个字节,只能存放 0~255 的整数,而现在输入给 i1 和 i2 的值已超过 0~255 的范围,所以只将整型变量 i1 和 i2 在内存存储单元中的最后一个字节(低 8 位)赋给 c1 和 c2。可以看到: 289−256=33,330−256=74。读者可以写出 289 和 330 的二进制形式,取其低 8 位,即可一目了然。与 ASCII 码 33 和 74 相应的字符为! 和 J,因此。按字符形式输出结果时输出"!,J"。请读者注意分析。

第 3 章

选择结构程序设计

3.1 写出下面各逻辑表达式的值。设 a = 3, b = 4, c = 5。

(1) a + b > c && b = = c

(2) a ‖ b + c && b - c

(3) !(a > b) && !c ‖ 1

(4) !(x = a) && (y = b) && 0

(5) !(a + b) + c - 1 && b + c/2

解:

(1) 0

(2) 1

(3) 1

(4) 0

(5) 1

3.2 有 3 个整数 a, b, c, 由键盘输入, 输出其中最大的数, 请编写程序。

解: 方法一: N-S 图见图 3-1。

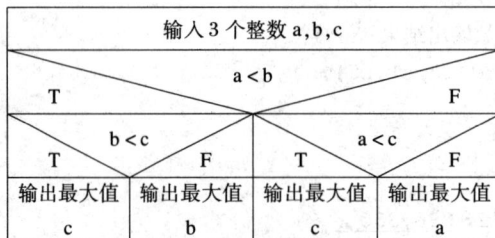

输入 3 个整数 a, b, c			
a < b			
T			F
b < c		a < c	
T	F	T	F
输出最大值 c	输出最大值 b	输出最大值 c	输出最大值 a

图 3-1

编写程序如下:

```c
#include<stdio.h>
int main()
{   int a,b,c;
    printf("请输入3个整数:");
```

```
    scanf("%d,%d,%d",&a,&b,&c);
    if (a < b)
      if (b < c)
        printf("max = %d\n",c);
      else
        printf("max = %d\n",b);
    else if (a < c)
        printf("max = %d\n",c);
      else
        printf("max = %d\n",a);
    return 0;
  }
```

运行结果:

请输入 3 个整数:12, 34, 9↙

max = 34

方法二: 使用条件表达式,可以使程序更加简明、清晰。

```
#include < stdio.h >
int main()
  { int a,b,c,temp,max;
    printf("请输入 3 个整数:");
    scanf("%d,%d,%d",&a,&b,&c);
    temp = (a > b)? a:b;                /* 将 a 和 b 中的大者存入 temp 中 */
    max = (temp > c)? temp:c;           /* 将 a 和 b 中的大者与 c 比较,取最大者 */
    printf("3 个整数的最大数是%d\n",max);
    return 0;
  }
```

运行结果:

请输入 3 个整数: 12, 34, 9↙
3 个整数的最大数是 34

3.3　有一个函数:

$$y = \begin{cases} x & (x < 1) \\ 2x - 1 & (1 \leqslant x < 10) \\ 3x - 11 & (x \geqslant 10) \end{cases}$$

写一段程序,输入 x,输出 y 值。

解: 编写程序如下:

```
#include < stdio.h >
int main()
  { int x,y;
    printf("输入 x:");
    scanf("%d",&x);
```

```
        if(x<1)                                //x<1
        { y=x;
         printf("x=%3d,   y=x=%d\n",x,y);
        }
        else  if(x<10)                         //1=<x<10
          { y=2*x-1;
           printf("x=%d,   y=2*x-1=%d\n",x,y);
          }
        else                                   //x>=10
        { y=3*x-11;
         printf("x=%d,   y=3*x-11=%d\n",x,y);
        }
        return 0;
    }
```

运行结果：

① 输入 x: 4↙
  x=4, y=2*x-1=7
② 输入 x: -1↙
  x=-1, y=x=-1
③ 输入 x: 20↙
  x=20, y=3*x-11=49

3.4 给出一百分制成绩，要求输出成绩等级'A','B','C','D','E'。90 分以上为'A',80~89 分为 'B',70~79 分为 'C',60~69 分为 'D',60 分以下为 'E'。

解：编写程序如下：

```
#include<stdio.h>
int main()
  { float score;
    char grade;
    printf("请输入学生成绩:");
    scanf("%f",&score);
    while (score>100 || score<0)
    {printf("\n 输入有误,请重输");
    scanf("%f",&score);
    }
    switch((int)(score/10))
      {case 10:
        case 9: grade='A';break;
        case 8: grade='B';break;
        case 7: grade='C';break;
        case 6: grade='D';break;
        case 5:
        case 4:
        case 3:
```

```
        case 2:
        case 1:
        case 0: grade = 'E';
        }
        printf("成绩是 %5.1f,相应的等级是%c. \n ",score,grade);
        return 0;
    }
```

运行结果:

① 请输入学生成绩:<u>90.5</u>↙
　　成绩是 90.5,相应的等级是 A
② 请输入学生成绩:<u>59</u>↙
　　成绩是 59.0,相应的等级是 E

💡 **说明**:对输入的数据进行检查,如小于 0 或大于 100,要求重新输入。(int)(score/10) 的作用是将(score/10) 的值进行强制类型转换,得到一个整型值。例如,当 score 的值为 78 时,(int)(score/10) 的值为 7。然后在 switch 语句中执行 case 7 中的语句,使 grade = 'C'.

　　3.5　给一个不多于 5 位的正整数,要求:

① 求出它是几位数;

② 分别输出每一位数字;

③ 按逆序输出各位数字,例如原数为 321,应输出 123。

解:编写程序如下:

```
#include<stdio.h>
#include<math.h>
int main()
  { long int num;
    int indiv,ten,hundred,thousand,ten_thousand,place;
                      / * 分别代表个位、十位、百位、千位、万位和位数 * /
    printf("请输入一个整数(0~99999):");
    scanf("%ld",&num);
    if (num>9999)
        place =5;
    else  if (num>999)
        place =4;
    else  if (num>99)
        place =3;
    else  if (num>9)
        place =2;
    else place =1;
    printf("位数:%d\n",place);
    printf("每位数字为:");
    ten_thousand = num/10000;
```

```
        thousand = (int)(num - ten_thousand * 10000)/1000;
        hundred = (int)(num - ten_thousand * 10000 - thousand * 1000)/100;
        ten = (int)(num - ten_thousand * 10000 - thousand * 1000 - hundred * 100)/10;
        indiv = (int)(num - ten_thousand * 10000 - thousand * 1000 - hundred * 100 -
                ten * 10);
        switch(place)
            {case 5:printf("%d,%d,%d,%d,%d",ten_thousand,thousand,hundred,ten,
                        indiv);
                printf("\n反序数字为:");
                printf("%d%d%d%d%d\n",indiv,ten,hundred,thousand,ten_thousand);
                break;
            case 4:printf("%d,%d,%d,%d",thousand,hundred,ten,indiv);
                printf("\n反序数字为:");
                printf("%d%d%d%d\n",indiv,ten,hundred,thousand);
                break;
            case 3:printf("%d,%d,%d",hundred,ten,indiv);
                printf("\n反序数字为:");
                printf("%d%d%d\n",indiv,ten,hundred);
                break;
            case 2:printf("%d,%d",ten,indiv);
                printf("\n反序数字为:");
                printf("%d%d\n",indiv,ten);
                break;
            case 1:printf("%d",indiv);
                printf("\n反序数字为:");
                printf("%d\n",indiv);
                break;
            }
        return 0;
    }
```

运行结果：

请输入一个整数(0~99999)：98423✓
位数：5
每位数字为：9,8,4,2,3
反序数字为：32489

3.6　企业发放的奖金根据利润提成。利润 I 低于或等于 100 000 元的，奖金可提 10%；利润高于 100 000 元，低于 200 000 元($100\,000 < I \leqslant 200\,000$)时，低于 100 000 元的部分按 10% 提成，高于 100 000 元的部分，可提成 7.5%； $200\,000 < I \leqslant 400\,000$ 时，低于 200 000 元的部分仍按上述办法提成（下同）。高于 200 000 元的部分按 5% 提成； $400\,000 < I \leqslant 600\,000$ 元时，高于 400 000 元的部分按 3% 提成； $600\,000 < I \leqslant 100\,0000$ 时，高于 600 000 元的部分按 1.5% 提成； $I > 1\,000\,000$ 时，超过 1 000 000 元的部分按 1% 提成。从键盘输入当月利润 I，求应发奖金总数。要求：

（1）用 if 语句编程序；

（2）用 switch 语句编写程序。

解：编写程序如下：

（1）用 if 语句编程序。

```
#include < stdio.h >
int main()
  { long i;
    double bonus,bon1,bon2,bon4,bon6,bon10;
    bon1 =100000 * 0.1;
    bon2 =bon1 +100000 * 0.075;
    bon4 =bon2 +100000 * 0.05;
    bon6 =bon4 +100000 * 0.03;
    bon10 =bon6 +400000 * 0.015;
    printf("请输入利润 i:");
    scanf("%ld",&i);
    if (i <=100000)
       bonus =i * 0.1;
    else if (i <=200000)
       bonus =bon1 + (i -100000) * 0.075;
    else if (i <=400000)
       bonus =bon2 + (i -200000) * 0.05;
    else if (i <=600000)
       bonus =bon4 + (i -400000) * 0.03;
    else if (i <=1000000)
       bonus =bon6 + (i -600000) * 0.015;
    else
       bonus =bon10 + (i -1000000) * 0.01;
    printf("奖金是: %10.2f \n",bonus);
    return 0;
  }
```

运行结果：

请输入利润 i：234000↙

奖金是：19200.00

此题的关键在于正确写出每一区间的奖金计算公式，例如，利润在 10 万 ~ 20 万元时，奖金应由两部分组成：

① 利润为 10 万元时应得的奖金，即 10 万元 * 0.1。

② 10 万元以上部分应得的奖金，即（num $-$ 10 万）* 0.075 元。

同理，20 万 ~ 40 万元这个区间的奖金也应由两部分组成：

① 利润为 20 万元时应得的奖金，即 10 万元 * 0.1 + 10 万元 * 0.075。

② 20 万元以上部分应得的奖金，即（num $-$ 20 万）* 0.05 元。

程序中先把 10 万元、20 万元、40 万元、60 万元、100 万元各关键点的奖金计算出来，即 bon1，bon2，bon4，bon6，bon10。然后再加上各区间附加部分的奖金即可。

（2）用 switch 语句编写程序，N-S 图见图 3-2。

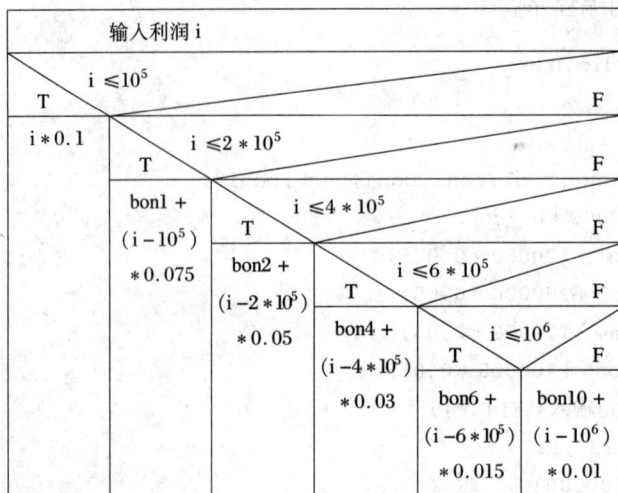

图　3-2

编写程序如下：

```
#include<stdio.h>
int main()
  { long i;
  double  bonus,bon1,bon2,bon4,bon6,bon10;
  int  branch;
  bon1 =100000 * 0.1;
  bon2 =bon1 +100000 * 0.075;
  bon4 =bon2 +200000 * 0.05;
  bon6 =bon4 +200000 * 0.03;
  bon10 =bon6 +400000 * 0.015;
  printf("请输入利润 i:");
  scanf("%ld",&i);
  branch = i/100000;
  if (branch >10)  branch =10;
  switch(branch)
  { case 0:bonus =i * 0.1;break;
    case 1:bonus =bon1 + (i -100000) * 0.075;break;
    case 2:
    case 3: bonus =bon2 + (i -200000) * 0.05;break;
    case 4:
    case 5: bonus =bon4 + (i -400000) * 0.03;break;
    case 6:
    case 7:
    case 8:
```

```
    case 9: bonus = bon6 + (i - 600000) * 0.015;break;
    case 10: bonus = bon10 + (i - 1000000) * 0.01;
  }
  printf("奖金是 %10.2f \n",bonus);
  return 0;
}
```

运行结果：

请输入利润 i: 156890↙
奖金是: 14266.75

3.7 输入 4 个整数,要求按由小到大的顺序输出。

解: 此题采用依次比较的方法排出其大小顺序。在学习了循环和数组以后,可以掌握更多的排序方法。

编写程序如下:

```
#include < stdio.h >
int main()
  { int t,a,b,c,d;
    printf("请输入 4 个数:");
    scanf("%d,%d,%d,%d",&a,&b,&c,&d);
    printf("a = %d,b = %d,c = %d,d = %d \n",a,b,c,d);
    if (a > b)
      { t = a;a = b;b = t; }
    if (a > c)
      { t = a;a = c;c = t; }
    if (a > d)
      { t = a;a = d;d = t; }
    if (b > c)
      { t = b;b = c;c = t; }
    if (b > d)
      { t = b;b = d;d = t; }
    if (c > d)
      { t = c;c = d;d = t; }
    printf("排序结果如下: \n");
    printf("%d  %d  %d  %d  \n",a,b,c,d);
    return 0;
  }
```

运行结果:

请输入 4 个数: 6,8,1,4↙
a = 6,b = 8,c = 1,d = 4
排序结果如下:
4 6 8

3.8 有 4 个圆塔,圆心分别为(2,2)、(-2,2)、(-2, -2)、(2, -2),圆半径为 1m,

见图 3-3。这 4 个塔的高度为 10m，塔以外无建筑物。现输入任一点的坐标，求该点的建筑高度（塔外的高度为零）。

解： N-S 图见图 3-4。

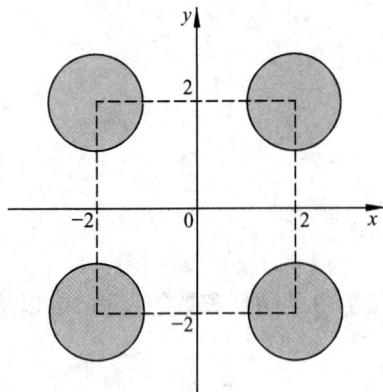

图 3-3

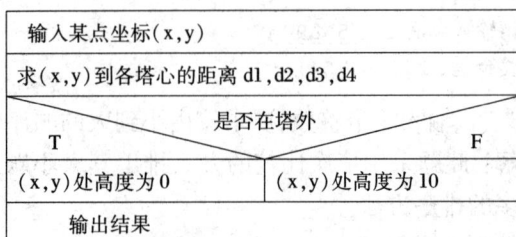

图 3-4

编写程序如下：

```
#include<stdio.h>
int main()
  { int h =10;
    float x1=2,y1=2,x2=-2,y2=2,x3=-2,y3=-2,x4=2,y4=-2,x,y,
          d1,d2,d3,d4;
    printf("请输入一个点(x,y):");
    scanf("%f,%f",&x,&y);
    d1=(x-x4)*(x-x4)+(y-y4)*(y-y4);          /*求该点到各中心点距离*/
    d2=(x-x1)*(x-x1)+(y-y1)*(y-y1);
    d3=(x-x2)*(x-x2)+(y-y2)*(y-y2);
    d4=(x-x3)*(x-x3)+(y-y3)*(y-y3);
    if(d1>1 && d2>1 && d3>1 && d4>1)   h=0;   /*判断该点是否在塔外*/
    printf("该点高度为%d\n",h);
    return 0;
  }
```

运行结果：

① 请输入一个点(x,y)：<u>0.5,0.7</u>↙
  该点高度为 0
② 请输入一个点(x,y)：<u>2.1,2.3</u>↙
  该点高度为 10

第4章

循环结构程序设计

4.1 统计全单位人员的平均工资。单位的人数不固定,工资数从键盘先后输入,当输入 −1 时表示输入结束(前面输入的是有效数据)。

解:编写程序如下:

```
#include<stdio.h>
int main()
  { float pay,sum=0,aver;
    int i=0;
    scanf("%f",&pay);                      //输入一位员工的工资
    while (pay!=-1)                        //当输入的工资不等于 −1
    { sum=sum+pay;                         //把输入的工资累加到 sum 中
      i++;                                 //人数加 1
      scanf("%f",&pay);                    //再输入一位员工的工资
    }
    aver=sum/i;                            //计算平均工资
    printf("average pay is:%8.2f \n",aver); //输出平均工资
    return 0;
  }
```

运行结果:

```
1234↙
4567.89↙
1456.98↙
−1↙
average pay is:2419.62
```

4.2 一个单位下设 3 个班组,每个班组人数不固定,需要统计每个班组的平均工资。分别输入 3 个班组所有职工的工资,当输入 −1 时表示该班组的输入结束。输出班组号和该班组的平均工资。

解:在上题的基础上再加一个外循环,处理 3 个班组的平均工资。

编写程序如下：

```
#include < stdio.h >
int main()
  { float pay,sum,aver,total =0;
    int i,n;
    for(n =1;n <=3;n ++)                        //执行3次循环
        {i =0;
         scanf("%f",&pay);
         sum =0;
         while (pay! = -1)
           {sum = sum +pay;
             i ++;
             scanf("%f",&pay);
           }
         aver = sum/i;                          //计算序号为i的班组的平均工资
         printf("group %d,average pay is:%8.2f \n",n,aver);
                                                //输出此班组的平均工资
         total = total +aver;                   //把本组平均工资累加到 totol 中
        }
    printf("The average of all group is %8.2f \n",total/(n -1));//输出总平均工资
    return 0;
  }
```

运行结果：

```
1567.87↙
3421.8↙
 -1↙
group 1,average pay is: 2494.83
2234.65↙
2346.9↙
 -1↙
group 2,average pay is: 2290,77
3563.7↙
5411.76↙
 -1↙
group 3,average pay is: 4487,73
The average of all group is 3091.11
```

💡 **说明**：为了节约篇幅，设每组只有2人。注意在执行完 for 循环后，n 的值是4，因此在最后输出总平均工资时，应将 total 除以(n-1)，而不是 total/4。

4.3 百鸡问题：公元5世纪末，我国古代数学家张丘建在他编写的《算经》里提出了"百鸡问题"："鸡翁一，值钱五;鸡母一，值钱三;鸡雏三，值钱一。百钱买百鸡，问鸡翁、母、雏各几何?"说成白话文是："公鸡每只值5元，母鸡值3元，小鸡3个值1元。用100元买100只鸡，问公鸡、母鸡、小鸡各应买多少只?"

解：解题思路：根据题意，公鸡最多能买 20 只，母鸡最多 33 只，小鸡最多 100 只，小鸡的数目应是 3 的倍数。可以用穷举法把所有可能的组合进行检测。

方法一：用穷举法把所有可能的组合逐个进行检测，把符合要求的筛选出来。

编写程序如下：

```c
#include<stdio.h>
int main()
  { int x,y,z,money;
    printf("cocks hens chicks \n");
    for(x=0;x<20;x++)
      for(y=0;y<34;y++)
        for(z=0;z<100;z=z+3)
          {money=5*x+3*y+z/3;
            if(x+y+z==100 && money==100)
              {printf("%9d%9d%9d\n",x,y,z);}
          }
    return 0;
  }
```

运行结果：

cocks	hens	chicks
0	25	75
4	18	78
8	11	81
12	8	84

说明：一共有 4 种可能方案。经验证，结果是正确的。程序用了 3 个 for 循环，把在允许范围内的每一个 x,y,z 组合都进行测试。

方法二：利用 x+y+z=100 的前提，不必对所有 x,y,z 的组合进行测试，只须测试满足 x+y+z=100 条件的组合是否满足总款为一百元即可。

编写程序如下：

```c
#include<stdio.h>
int main()
  { int x,y,z,money;
    printf("cocks hens chicks \n");
    for(x=0;x<=20;x++)
      for(y=0;y<34;y++)
        {z=100-x-y;              //只对符合此条件的 z 值进行测试
          if(z%3==0)             //只对能被 3 整除的 z 进行测试
            {money=5*x+3*y+z/3;
              if (money==100)
                printf("%9d%9d%9d\n",x,y,z);
            }
        }
```

```
    return 0;
  }
```

运行结果同上。注意程序第 7 行，不是对每一个 z 值都进行测试，只考虑符合 x+y+z=100 条件的(即 z=100-x-y)。此方法比方法一的程序少用了一个 for 循环。穷举的次数少一些。

请注意程序第 8 行 if(z%3==0),% 是求余运算符,z%3 的值是 z 被 3 除的余数,如果 z%3 等于 0,表示 z 被 3 整除。请读者考虑为什么要作此项检查? 没有它有何影响? 可上机试验一下。

方法三：可以再减少循环的次数。利用数学知识。根据题意可以列出下面方程式：

$$5x + 3y + \frac{z}{3} = 100 \qquad ①$$

$$x + y + z = 100 \qquad ②$$

由式①和式②可导出

$$7x + 4y = 100 \qquad ③$$

即

$$y = (100 - 7x)/4 \qquad ④$$

利用式④编程。

编写程序如下：

```
#include<stdio.h>
int main()
  { int x,y,z;
    printf("cocks hens chicks\n");
    for(x=0;x<=20;x++)
    {y=(100-7*x)/4;
     if((100-7*x)%4==0 && y>0)
     {z=100-x-y;
      if(z%3==0)
        printf("%9d%9d%9d\n",x,y,z);
     }
    }
    return 0;
  }
```

此程序只用了一个 for 循环。只执行 21 次循环就得到结果。

4.4 猴子吃桃问题。猴子第 1 天摘下若干个桃子,当即吃了一半,还不过瘾,又多吃了一个。第 2 天早上又将剩下的桃子吃掉一半,又多吃了一个。以后每天早上都吃了前一天剩下的一半零一个。到第 10 天早上想再吃时,就只剩一个桃子了。求第 1 天共摘多少个桃子。

解：编写程序如下：

```
#include<stdio.h>
int main()
```

```
{ int day,x1,x2;
  day = 9;
  x2 = 1;
  while(day > 0)
   { x1 = (x2 + 1) * 2;              //第 1 天的桃子数是第 2 天桃子数加 1 后的 2 倍
     x2 = x1;
     day -- ;
   }
  printf("total = %d\n",x1);
  return 0;
}
```

运行结果：

```
total = 1543
```

4.5　输入两个正整数 m 和 n,求其最大公约数和最小公倍数。

解：编写程序如下：

```
#include < stdio.h >
int main()
  { int  p,r,n,m,temp;
    printf("请输入两个正整数 n,m:");
    scanf("%d,%d,",&n,&m);
    if (n < m)
     {
       temp = n;
       n = m;
       m = temp;
     }
    p = n * m;
    while(m! = 0)
     {
      r = n%m;
      n = m;
      m = r;
     }
    printf("它们的最大公约数为:%d\n",n);
    printf("它们的最小公倍数为:%d\n",p/n);
    return 0;
  }
```

运行结果：

```
请输入两个正整数 n,m: 35,49
它们的最大公约数为:7
它们的最小公倍数为:245
```

4.6 输入一行字符,分别统计出其中英文字母、空格、数字和其他字符的个数。

解：编写程序如下：

```
#include<stdio.h>
int main()
  { char c;
    int letters=0,space=0,digit=0,other=0;
    printf("请输入一行字符:\n");
    while((c=getchar())!='\n')
     {
       if (c>='a' && c<='z' || c>='A' && c<='Z')
          letters++;
       else if (c==' ')
          space++;
       else if (c>='0' && c<='9')
          digit++;
       else
          other++;
     }
     printf ("字母数:%d\n 空格数:%d\n 数字数:%d\n 其他字符数:%d\n",letters,
          space,digit,other);
     return 0;
  }
```

运行结果：

请输入一行字符:

I am a student.

字母数：11

空格数：3

数字数：0

其他字符数：1

4.7 求 $\sum\limits_{n=1}^{20} n!$（即求 $1! + 2! + 3! + 4! + \cdots + 20!$）

解：编写程序如下：

```
#include<stdio.h>
int main()
  { double s=0,t=1;
    int n;
    for (n=1;n<=20;n++)
    { t=t*n;
      s=s+t;
    }
```

```
    printf("1!+2!+...+20!=%22.15e \n",s);
    return 0;
  }
```

运行结果：

```
1!+2!+…+20!=2.561327494111820e+018
```

请注意：s 不能定义为 int 型或 long 型,因为用 Visual C++ 6.0 时,int 型和 long 型数据在内存都占 4 个字节,数据的范围为 −21 亿~21 亿,无法容纳求得的结果。今将 s 定义为 double 型,以得到更多的精度。在输出时,用 22.15e 格式,使数据宽度为 22,数字部分中小数位数为 15 位。

4.8 输出所有的"水仙花数",所谓"水仙花数"是指一个 3 位数,其各位数字立方和等于该数本身。例如,153 是一水仙花数,因为 $153 = 1^3 + 5^3 + 3^3$。

解：编写程序如下：

```
#include<stdio.h>
int main()
  { int i,j,k,n;
  printf("narcissistic numbers are ");
  for (n=100;n<1000;n++)
    { i=n/100;
      j=n/10-i*10;
      k=n%10;
      if (n==i*i*i+j*j*j+k*k*k)
      printf("%d ",n);
    }
  printf("\n");
  return 0;
}
```

运行结果：

```
narcissistic numbers are 153 370 371 407
```

说明：本题用穷举法,对所有 3 位数一一测试,找出其中符合"水仙花数"条件的数。穷举法是最"笨"的方法,也是没有别的方法时用的方法。从 100 到 999,共有 999 个三位数。由于计算机的速度很快,用穷举法处理这些数时间是很快的。

4.9 一个数如果恰好等于它的因子之和,这个数就称为"完数"。例如,6 的因子为 1,2,3,而 6=1+2+3,因此 6 是"完数"。编程序找出 1000 之内的所有完数,并按下面格式输出其因子：

```
6 : its factors are 1,2,3.
```

解：方法一：
编写程序如下：

```
#include<stdio.h>
int main()
  { int k1,k2,k3,k4,k5,k6,k7,k8,k9,k10;
    int i,a,n,s;
    for (a=2;a<=1000;a++)        //a 是 2~1000 的整数,检查它是否完数
     {n=0;                       //n 用来累计 a 的因子的个数
      s=a;                       //s 用来存放尚未求出的因子之和,开始时等于 a
      for (i=1;i<a;i++)          //检查 i 是否是 a 的因子
        if (a%i==0)              //如果 i 是 a 的因子
          {n++;                  //n 加 1,表示新找到一个因子
            s=s-i;               //s 减去已找到的因子,s 的新值是尚未求出的因子之和
            switch(n)            //将找到的因子赋给 k1~k9,或 k10
              {case 1:
                 k1=i;  break;   //找出的第 1 个因子赋给 k1
               case 2:
                 k2=i;  break;   //找出的第 2 个因子赋给 k2
               case 3:
                 k3=i;  break;   //找出的第 3 个因子赋给 k3
               case 4:
                 k4=i;  break;   //找出的第 4 个因子赋给 k4
               case 5:
                 k5=i;  break;   //找出的第 5 个因子赋给 k5
               case 6:
                 k6=i;  break;   //找出的第 6 个因子赋给 k6
               case 7:
                 k7=i;  break;   //找出的第 7 个因子赋给 k7
               case 8:
                 k8=i;  break;   //找出的第 8 个因子赋给 k8
               case 9:
                 k9=i;  break;   //找出的第 9 个因子赋给 k9
               case 10:
                 k10=i;  break;  //找出的第 10 个因子赋给 k10
              }
          }
      if (s==0)
      {
        printf("%d ,Its factors are ",a);
        if (n>1)  printf("%d,%d",k1,k2);      //n>1 表示 a 至少有 2 个因子
        if (n>2)  printf(",%d",k3);           //n>2 表示至少有 3 个因子,故应
                                              //再输出一个因子
        if (n>3)  printf(",%d",k4);           //n>3 表示至少有 4 个因子,故应
                                              //再输出一个因子
        if (n>4)  printf(",%d",k5);           //以下类似
```

```
        if (n>5)  printf(",%d",k6);
        if (n>6)  printf(",%d",k7);
        if (n>7)  printf(",%d",k8);
        if (n>8)  printf(",%d",k9);
        if (n>9)  printf(",%d",k10);
        printf("\n");
      }
    }
   return 0;
  }
```

运行结果：

```
6, its factors are 1,2,3
28, its factors are 1,2,4,7,14
496, its factors are 1,2,4,8,16,31,62,124,248
(一共找到 3 个完数)
```

方法二：

```
#include<stdio.h>
int main()
  { int m,s,i;
    for (m=2;m<1000;m++)
      {s=0;
       for (i=1;i<m;i++)
         if ((m%i)==0) s=s+i;
       if(s==m)
         {printf("%d,its factors are ",m);
          for (i=1;i<m;i++)
            if (m%i==0)  printf("%d ",i);
          printf("\n");
         }
      }
   return 0;
  }
```

运行结果：

```
6, its factors are 1 2 3
28, its factors are 1 2 4 7 14
496, its factors are 1 2 4 8 16 31 62 124 248
```

4.10 一个球从 100m 高度自由落下，每次落地后反跳回原高度的一半，再落下，再反弹。求它在第 10 次落地时，共经过了多少米？第 10 次反弹多高？

解： 编写程序如下：

```
#include<stdio.h>
int main()
 { double sn =100,hn = sn/2;
   int n;
   for (n =2;n <=10;n ++)
    {
    sn = sn +2 * hn;        //第 n 次落地时共经过的米数
    hn = hn/2;              //第 n 次反跳高度
    }
   printf("第 10 次落地时共经过%f 米 \n",sn);
   printf("第 10 次反弹%f 米 \n",hn);
   return 0;
 }
```

运行结果：

第 10 次落地时共经过 299.609375 米
第 10 次反弹 0.097656 米

本章习题中 11～13 题,是用迭代方法求方程的数值解,要设计数值算法,需要有高等数学的初步知识。如果读者未学过高等数学,可不做这几道题。如果读者已学过高等数学,建议尝试做这几道题,至少能看懂题目解释和程序,以了解怎样构造一个数值算法。这方面的知识是很有用的。

4.11　用迭代法求 $x = \sqrt{a}$。求平方根的迭代公式为

$$x_{n+1} = \frac{1}{2}\left(x_n + \frac{a}{x_n}\right)$$

要求前后两次求出的 x 的差的绝对值小于 10^{-5}。

解：解题思路：用迭代法求平方根的算法如下：

(1) 设定一个 x 的初值 x_0；

(2) 用以上公式求出 x 的下一个值 x_1；

(3) 再将 x_1 代入以上公式的右侧的 x_n,求出 x 的下一个值 x_2；

(4) 如此继续下去,直到前后两次求出的 x 值 (x_n 和 x_{n+1}) 满足以下关系：

$$|x_{n+1} - x_n| < 10^{-5}$$

为了便于程序处理,今只用 x_0 和 x_1,先令 x 的初值 $x_0 = a/2$ (也可以是另外的值),求出 x_1；如果此时 $|x_1 - x_0| \geqslant 10^{-5}$,就使 $x_1 = > x_0$,然后用这个新的 x_0 求出下一个 x_1；如此反复,直到 $|x_1 - x_0| < 10^{-5}$ 为止。

编写程序如下：

```
#include<stdio.h>
#include<math.h>
int main()
 { float a,x0,x1;
   printf("enter a positive number:");
```

```
    scanf("%f",&a);
    x0 = a/2;
    x1 = (x0 + a/x0)/2;
    do
     {x0 = x1;
      x1 = (x0 + a/x0)/2;
     }while(fabs(x0 - x1)>=1e-5);
    printf("The square root of %5.2f  is %8.5f\n",a,x1);
    return 0;
   }
```

运行结果：

enter a positive number: 2↙
The square root of 2.00 is 1.41421

4.12　用牛顿迭代法求下面方程在 1.5 附近的根：

$$2x^3 - 4x^2 + 3x - 6 = 0$$

解：解题思路：牛顿迭代法又称牛顿切线法，它采用以下的方法求根：先任意设定一个与真实的根接近的值 x_0 作为第一次近似根，由 x_0 求出 $f(x_0)$，过 $(x_0,f(x_0))$ 点做 $f(x)$ 的切线，交 x 轴于 x_1，把 x_1 作为第二次近似根，再由 x_1 求出 $f(x_1)$，再过 $(x_1,f(x_1))$ 点做 $f(x)$ 的切线，交 x 轴于 x_2，再求出 $f(x_2)$，再作切线……如此继续下去，直到足够接近真正的根 x^* 为止，见图 4-1。

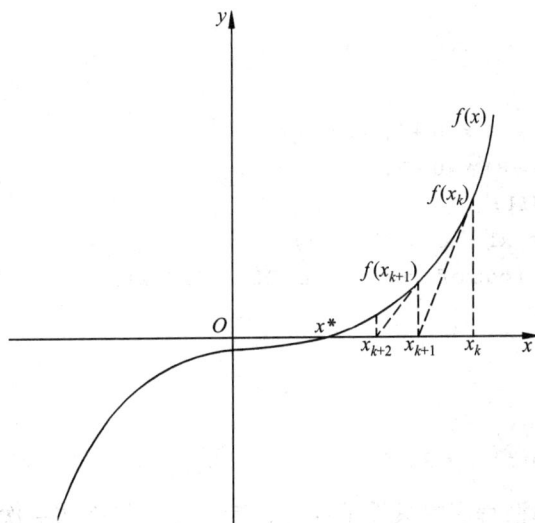

图　4-1

从图 4-1 可以看出：

$$f'(x_0) = \frac{f(x_0)}{x_1 - x_0}$$

因此

$$x_1 = x_0 - \frac{f(x_0)}{f'(x_0)}$$

这就是牛顿迭代公式。可以利用它由 x_0 求出 x_1，然后由 x_1 求出 x_2……。

在本题中

$$f(x) = 2x^3 - 4x^2 + 3x - 6$$

可以写成以下形式：

$$f(x) = ((2x - 4)x + 3)x - 6$$

同样，$f'(x)$ 可写成：

$$f'(x) = 6x^2 - 8x + 3 = (6x - 8)x + 3$$

用这种方法表示的表达式在运算时可节省时间。例如，求 $f(x)$ 只须进行 3 次乘法和 3 次加法，而原来的表达式要经过多次指数运算、对数运算和乘法、加法运算，花费时间较多。

但是由于计算机的运算速度越来越快，这点时间开销是微不足道的。这是以前计算机的运算速度较慢时所提出的问题。由于过去编写的程序往往采用了这种形式，所以在此也顺便介绍一下，以便在阅读别人所写的程序时知道其所以然。

编写程序如下：

```
#include<stdio.h>
#include<math.h>
int main()
 { float x1,x0,f,f1;
   x1=1.5;
   do
    {x0=x1;
     f=((2*x0-4)*x0+3)*x0-6;
     f1=(6*x0-8)*x0+3;
     x1=x0-f/f1;
    }while(fabs(x1-x0)>=1e-5);
   printf("The root of equation is %5.2f\n",x1);
   return 0;
 }
```

运行结果：

```
The root of equation is 2.00
```

为了便于循环处理，程序中只设了变量 x_0 和 x_1，x_0 代表前一次的近似根，x_1 代表后一次的近似根。在求出一个 x_1 后，把它的值赋给 x_0，然后用它求下一个 x_1。由于第一次执行循环体时，需要对 x_0 赋值，故在开始时应先对 x_1 赋一个初值（今为 1.5，也可以是接近真实根的其他值）。

4.13 用二分法求下面方程在（ $-10,10$ ）区间的根：

$$2x^3 - 4x^2 + 3x - 6 = 0$$

解：二分法的思路如下：先指定一个区间 $[x_1, x_2]$，如果函数 $f(x)$ 在此区间是单调变化，可以根据 $f(x_1)$ 和 $f(x_2)$ 是否同符号来确定方程 $f(x) = 0$ 在 $[x_1, x_2]$ 区间是否有一个实根。若 $f(x_1)$ 和 $f(x_2)$ 不同符号，则 $f(x) = 0$ 在 $[x_1, x_2]$ 区间必有一个（且只有一个）实根；如果 $f(x_1)$ 和 $f(x_2)$ 同符号，说明在 $[x_1, x_2]$ 区间无实根，要重新改变 x_1 和 x_2 的值。当确定 $[x_1, x_2]$ 有一个实根后，采取二分法将 $[x_1, x_2]$ 区间一分为二，再判断在哪一个小区间中有实根。如此不断进行下去，直到小区间足够小为止，见图 4-2。

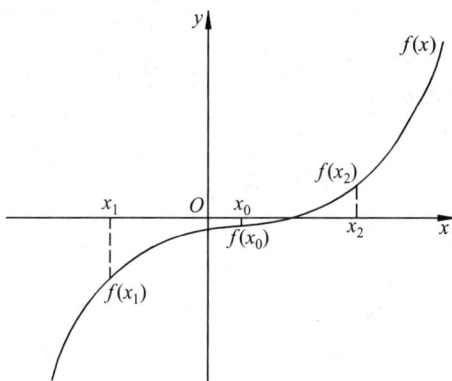

图 4-2

具体算法如下：

（1）输入 x_1 和 x_2 的值。

（2）求出 $f(x_1)$ 和 $f(x_2)$。

（3）如果 $f(x_1)$ 和 $f(x_2)$ 同符号，说明在 $[x_1, x_2]$ 区间无实根，返回（1），重新输入 x_1 和 x_2 的值；若 $f(x_1)$ 和 $f(x_2)$ 不同符号，则在 $[x_1, x_2]$ 区间必有一个实根，执行（4）。

（4）求 x_1 和 x_2 间的中点：$x_0 = \dfrac{x_1 + x_2}{2}$。

（5）求出 $f(x_0)$。

（6）判断 $f(x_0)$ 与 $f(x_1)$ 是否同符号。

① 如同符号，则应在 $[x_0, x_2]$ 中去找根，此时 x_1 已不起作用，用 x_0 代替 x_1，用 $f(x_0)$ 代替 $f(x_1)$。

② 如 $f(x_0)$ 与 $f(x_1)$ 不同符号，说明应在 $[x_1, x_0]$ 中去找根，此时 x_2 已不起作用，用 x_0 代替 x_2，用 $f(x_0)$ 代替 $f(x_2)$。

（7）判断 $f(x_0)$ 的绝对值是否小于某一个指定的值（例如 10^{-5}）。若不小于 10^{-5}，就返回（4），重复执行（4）、（5）、（6）；若小于 10^{-5}，则执行（8）。

（8）输出 x_0 的值，它就是所求出的近似根。

N-S 图见图 4-3。

编写程序如下：

```
#include<stdio.h>
#include<math.h>
```

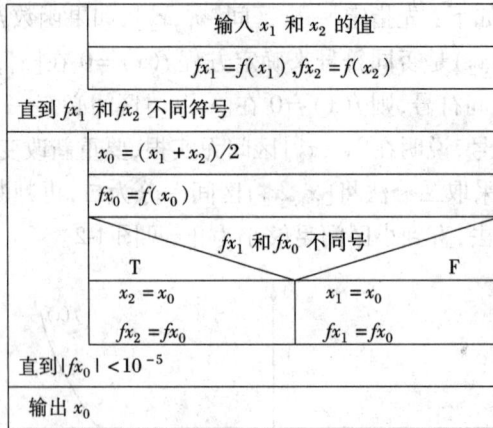

	输入 x_1 和 x_2 的值		
	$fx_1 = f(x_1)$，$fx_2 = f(x_2)$		
直到 fx_1 和 fx_2 不同符号	$x_0 = (x_1 + x_2)/2$		
	$fx_0 = f(x_0)$		
	fx_1 和 fx_0 不同号		
	T		F
	$x_2 = x_0$	$x_1 = x_0$	
	$fx_2 = fx_0$	$fx_1 = fx_0$	
直到 $|fx_0| < 10^{-5}$			
输出 x_0			

图　4-3

```c
int main()
  { float x0,x1,x2,fx0,fx1,fx2;
    do
     {printf("enter x1 & x2:");
      scanf("%f,%f",&x1,&x2);
      fx1 = x1 * ((2 * x1 - 4) * x1 + 3) - 6;
      fx2 = x2 * ((2 * x2 - 4) * x2 + 3) - 6;
     }while(fx1 * fx2 > 0);
    do
    {x0 = (x1 + x2)/2;
     fx0 = x0 * ((2 * x0 - 4) * x0 + 3) - 6;
     if ((fx0 * fx1) < 0)
      {x2 = x0;
        fx2 = fx0;
      }
     else
     {x1 = x0;
       fx1 = fx0;
      }
    }while(fabs (fx0) >= 1e - 5);
   printf("x = %6.2f\n",x0);
    return 0;
  }
```

运行结果：

enter x1 & x2: <u>-10,10</u>↙

x = 2.00

4.14 输出以下图案:

```
        *
       ***
      *****
     *******
      *****
       ***
        *
```

解: 编写程序如下:

```c
#include<stdio.h>
int main()
 { int i,j,k;
   for (i=0;i<=3;i++)                    //输出上面4行*
    {for (j=0;j<=2-i;j++)
       printf(" ");                      //输出一行(若干个)*
     for (k=0;k<=2*i;k++)
       printf("*");                      //输出一行(若干个)*
     printf("\n");                       //输出完一行*后换行
    }
   for (i=0;i<=2;i++)                    //输出下面3行*
    {for (j=0;j<=i;j++)
       printf(" ");                      //输出*前面的空格
     for (k=0;k<=4-2*i;k++)
       printf("*");                      //输出一行(若干个)*
     printf("\n");                       //输出完一行*后换行
    }
 }
```

运行结果:

```
    *
   ***
  *****
 *******
  *****
   ***
    *
```

4.15 两个乒乓球队进行比赛,各出 3 人。甲队为 A,B,C 3 人,乙队为 X,Y,Z 3 人。已抽签决定比赛名单。有人向队员打听比赛的名单,A 说他不和 X 比,C 说他不和 X,Z 比,请编写程序找出 3 对赛手的名单。

解: 解题思路:先分析题目。按题意,画出图 4-4 的示意图。

图 4-4 中带"×"符号的虚线表示不允许的组合。从图中可以看到:① X 既不与 A 比赛,又不与 C 比赛,必然与 B 比赛。②C 既不与 X 比赛,又不与 Z 比赛,必然与 Y 比赛。③剩下的只能是 A 与 Z 比赛,见图 4-5。

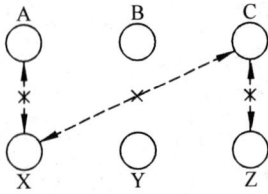

图   4-4

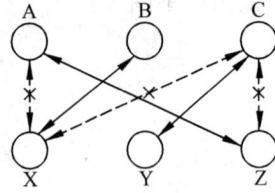

图   4-5

以上是人经过逻辑推理得到的结论。用计算机程序处理此问题时，不可能立即就得出此结论，而必须对每一种成对的组合——检验，看它们是否符合条件。

开始时，并不知道 A，B，C 与 X，Y，Z 中哪一个比赛，可以假设：A 与 i 比赛，B 与 j 比赛，C 与 k 比赛，即：

$$A—i$$
$$B—j$$
$$C—k$$

i，j，k 分别是 X，Y，Z 之一，且 i，j，k 互不相等（一个队员不能与对方的两人比赛），见图 4-6。

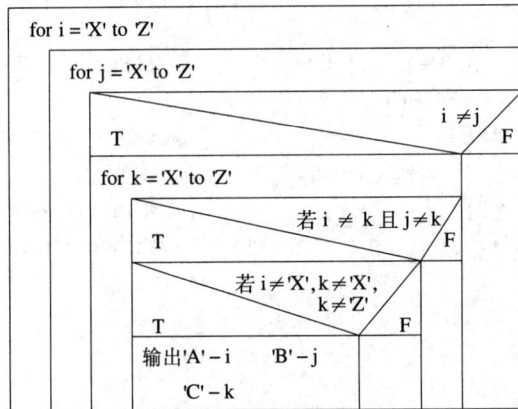

图   4-6

外循环使 i 由'X' 变到'Z'，中循环使 j 由'X'变到'Z'（但 i 不应与 j 相等）。然后对每一组 i，j 的值，找符合条件的 k 值。k 同样也可能是'X'，'Y'，'Z' 之一，但 k 也不应与 i 或 j 相等。在 i≠j≠k 的条件下，再把 i≠'X'和 k≠'X'以及 k≠'Z'的 i，j，k 的值输出即可。

编写程序如下：

```c
#include<stdio.h>
int main()
  { char i,j,k;                    //i是A的对手;j是B的对手;k是C的对手
    for (i='X';i<='Z';i++)
      for (j='X';j<='Z';j++)
       if (i!=j)
         for (k='X';k<='Z';k++)
```

```
     if (i! = k && j! = k)
        if (i! = 'X' && k! = 'X' && k! = 'Z')
           printf("A -- %c \nB -- %c \nC -- %c \n",i,j,k);
     return 0;
  }
```

运行结果：

A—Z

B—X

C—Y

说明：

（1）整个执行部分除了 return 语句以外，只有一个语句，所以只在 printf 函数的最后有一个分号。请读者弄清楚循环和选择结构的嵌套关系。

（2）分析最下面一个 if 语句中的条件：$i \ne 'X', k \ne 'X', k \ne 'Z'$，因为已事先假定 A - i，B - j，C - k，由于题目规定 A 不与 X 对抗，因此 i 不能等于'X'，同理，C 不与 X，Z 对抗，因此 k 不应等于'X'和'Z'。

（3）题目给的是 A，B，C，X，Y，Z，而程序中用了加撇号的字符常量'X'，'Y'，'Z'，这是为什么？这是为了在运行时能直接输出字符 A，B，C，X，Y，Z，以表示 3 组对抗的情况。

第5章 利用数组处理批量数据

5.1　用筛选法求 100 之内的素数。

解：解题思路：所谓"筛法"指的是"埃拉托色尼(Eratosthenes)筛法"。埃拉托色尼是古希腊的著名数学家。他采取的方法是，在一张纸上写上 1～1000 的全部整数，然后逐个判断它们是否是素数，找出一个非素数，就把它挖掉，最后剩下的就是素数，见图 5-1。

①2 3 ④5 ⑥7 ⑧ ⑨ ⑩ 11 ⑫ 13 ⑭ ⑮ ⑯ 17 ⑱ 19 ⑳ ㉑ ㉒ 23 ㉔ ㉕ ㉖ ㉗㉘ 29 ㉚ 31 ㉜ ㉝ ㉞ ㉟ ㊱ 37 ㊳ ㊴ ㊵ 41 ㊷ 43 ㊹ ㊺ ㊻ 47 ㊽ ㊾ ㊿ …

图　5-1

具体做法如下：

（1）先将 1 挖掉（因为 1 不是素数）。

（2）用 2 去除它后面的各个数，把能被 2 整除的数挖掉，即把 2 的倍数挖掉。

（3）用 3 去除它后面各数，把 3 的倍数挖掉。

（4）分别用 4,5…各数作为除数去除这些数以后的各数。这个过程一直进行到在除数后面的数已全被挖掉为止。例如在图 5-1 中找 1～50 的素数，要一直进行到除数为 47 为止。事实上，可以简化，如果需要找 1～n 范围内的素数表，只须进行到除数为 $\sqrt{n}$（取其整数）即可。例如对 1～50，只须进行到将 7（即 $\sqrt{50}$ 的整数部分）作为除数即可。请读者思考为什么？

上面的算法可表示如下：

（1）挖去 1；

（2）用下一个未被挖去的数 p 去除 p 后面各数，把 p 的倍数挖掉；

（3）检查 p 是否小于 $\sqrt{n}$ 的整数部分（如果 $n=1000$，则检查 $p<31$？），如果是，则返回（2）继续执行，否则就结束；

（4）剩下的数就是素数。

用计算机解此题，可以定义一个数组 a。数组元素 $a[1]$～$a[n]$ 分别代表 1～n 这 n 个数。如果检查出数组 a 的某一元素的值是非素数，就使它变为 0，最后剩下不为 0 的就是素数。

编写程序如下：

```
#include<stdio.h>
#include<math.h>              //程序中用到求平方根函数 sqrt
int main()
  { int i,j,n,a[101];         //定义 a 数组包含 101 个元素
    for (i=1;i<=100;i++)      //a[0]不用,只用 a[1]~a[100]
       a[i]=i;                //使 a[1]~a[100] 的值为 1 到 100
    a[1]=0;                   //先"挖掉"a[1]
    for (i=2;i<sqrt(100);i++)
      for (j=i+1;j<=100;j++)
      { if(a[i]!=0 && a[j]!=0)
          if (a[j]%a[i]==0)
             a[j]=0;          //把非素数"挖掉"
      }
    printf("\n");
    for (i=2,n=0;i<=100;i++)
      {if (a[i]!=0)           //选出值不为 0 的数组元素,即素数
        {printf("%5d",a[i]);  //输出素数,宽度为 5 列
         n++;                 //累计本行已输出的数据个数
        }
       if(n==10)
         { printf("\n");
           n=0;
         }
      }
    printf("\n");
    return 0;
  }
```

运行结果:

```
 2   3   5   7  11  13  17  19  23  29
31  37  41  43  47  53  59  61  67  71
73   7  83  89  97
```

5.2 用选择法对 10 个整数排序。

解: 解题思路: 选择法的思路如下: 设有 10 个元素 a[1]~a[10],将 a[1] 与 a[2]~a[10]比较,若 a[1]比 a[2]~a[10]都小,则不进行交换,即无任何操作。若 a[2]~a[10]中有一个以上比 a[1] 小,则将其中最大的一个(假设为 a[i])与 a[1] 交换,此时 a[1]中存放了 10 个数中最小的数。第 2 轮将 a[2] 与 a[3]~a[10]比较,将剩下 9 个数中的最小者 a[i] 与 a[2]对换,此时 a[2]中存放的是 10 个中第二小的数。依此类推,共进行 9 轮比较,a[1]~a[10] 就已按由小到大的顺序存放了。N-S 图如图 5-2 所示。

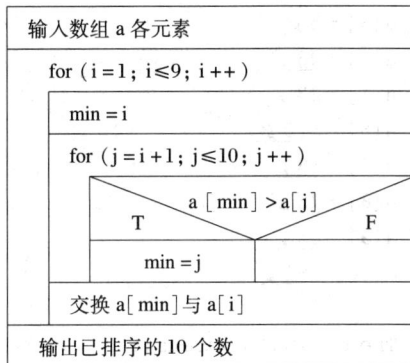

输入数组 a 各元素		
for (i=1; i≤9; i++)		
min=i		
for (j=i+1; j≤10; j++)		
a[min]>a[j]		
T		F
min=j		
交换 a[min]与 a[i]		
输出已排序的 10 个数		

图 5-2

编写程序如下：

```c
#include<stdio.h>
int main()
  { int i,j,min,temp,a[11];
   printf("enter data:\n");
   for (i=1;i<=10;i++)
    {printf("a[%d]=",i);
     scanf("%d",&a[i]);           //输入10个数
    }
   printf("\n");
   printf("The orginal numbers:\n");
   for (i=1;i<=10;i++)
     printf("%5d",a[i]);          //输出这10个数
   printf("\n");
   for (i=1;i<=9;i++)             //以下8行是对10个数排序
     {min=i;
      for (j=i+1;j<=10;j++)
        if (a[min]>a[j]) min=j;
      temp=a[i];                  //以下3行将a[i+1]~a[10]中最小者与a[i]对换
      a[i]=a[min];
      a[min]=temp;
     }
   printf("\nThe sorted numbers:\n");   //输出已排好序的10个数
   for (i=1;i<=10;i++)
     printf("%5d",a[i]);
   printf("\n");
   return 0;
  }
```

运行结果：

```
enter data:
a[1]=1 ↙
a[2]=16 ↙
a[3]=5 ↙
a[4]=98 ↙
a[5]=23 ↙
a[6]=119 ↙
a[7]=18 ↙
a[8]=75 ↙
a[9]=65 ↙
a[10]=81 ↙

The orginal numbers:
    1   16    5   98   23  119   18   75   65   81
```

```
The sorted numbers:
    1    5   16   18   23   65   75   81   98  119
```

5.3　求一个 3×3 的整型二维数组对角线元素之和。

解：编写程序如下：

```
#include<stdio.h>
int main()
  { int a[3][3],sum=0;
    int i,j;
      printf("enter data:\n");
      for (i=0;i<3;i++)
        for (j=0;j<3;j++)
            scanf("%d",&a[i][j]);
      for (i=0;i<3;i++)
        sum=sum+a[i][i];
      printf("sum=%6d\n",sum);
      return 0;
  }
```

运行结果：

```
enter data:
1↙
2↙
3↙
4↙
5↙
6↙
7↙
8↙
9↙
sum=    15
```

关于输入数据方式的讨论：

在程序的 scanf 语句中用%d 作为输入格式控制,上面输入数据的方式显然是可行的。其实也可以在一行中连续输入 9 个数据,如:

```
1 2 3 4 5 6 7 8 9↙
```

结果也一样。在输入完 9 个数据并按回车键后,这 9 个数据被送到内存中的输入缓冲区中,然后逐个送到各个数组元素中。下面的输入方式也是正确的:

```
1 2 3↙
4 5 6↙
7 8 9↙
```

或者:

1 2↙
3 4 5 6↙
7 8 9↙

都是可以的。

请考虑，如果将程序第7~9行改为

```
for (j=0;j<3;j++)
    scanf(" %d %d %d",&a[0][j],&a[1][j],&a[2][j]);
```

应如何输入？是否必须一行输入3个数据，如：

1 2 3↙
4 5 6↙
7 8 9↙

答案是可以按此方式输入，也可以不按此方式输入，而采用前面介绍的方式输入，不论分多少行、每行包括几个数据，只要求最后输入完9个数据即可。

程序中用的是整型数组，运行结果是正确的。如果用的是实型数组，只须将程序第4行的 int 改为 float 或 double 即可，并且在 scanf 函数中使用%f 或%lf 格式声明。

5.4　已有一个已排好序的数组，要求输入一个数后，按原来排序的规律将它插入数组中。

解：解题思路：设数组 a 有 n 个元素，而且已按升序排列，在插入一个数时按下面的方法处理：

（1）如果插入的数 num 比 a 数组最后一个数大，则将插入的数放在 a 数组末尾。

（2）如果插入的数 num 不比 a 数组最后一个数大，则将它依次和 $a[0] \sim a[n-1]$ 比较，直到出现 $a[i] > num$ 为止，这时表示 $a[0] \sim a[i-1]$ 各元素的值比 num 小，$a[i] \sim a[n-1]$ 各元素的值比 num 大。num 理应插到 $a[i-1]$ 之后、$a[i]$ 之前。怎样才能实现此目的呢？将 $a[i] \sim a[n-1]$ 各元素向后移一个位置（即 $a[i]$ 变成 $a[i+1]$，…，$a[n-1]$ 变成 $a[n]$）。然后将 num 放在 $a[i]$ 中。N-S 图如图 5-3 所示。

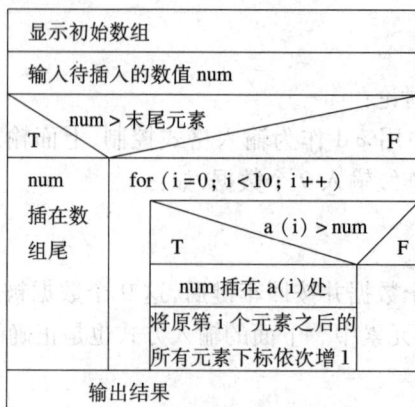

图　5-3

编写程序如下：

```c
#include<stdio.h>
int main()
  { int a[11]={1,4,6,9,13,16,19,28,40,100};
    int temp1,temp2,number,end,i,j;
    printf("array a:\n");
    for (i=0;i<10;i++)
      printf("%5d",a[i]);
    printf("\n");
    printf("insert data:");
    scanf("%d",&number);
    end=a[9];
    if (number>end)
      a[10]=number;
    else
     {for (i=0;i<10;i++)
      {if (a[i]>number)
        {temp1=a[i];
         a[i]=number;
         for (j=i+1;j<11;j++)
           {temp2=a[j];
            a[j]=temp1;
            temp1=temp2;
           }
           break;
        }
      }
     }
    printf("Now, array a:\n");
    for (i=0;i<11;i++)
      printf("%5d",a[i]);
    printf("\n");
    return 0;
  }
```

运行结果：

```
array a:
    1    4    6    9   13   16   19   28   40  100
insert data: 5✓
Now,array a:
    1    4    5    6    9   13   16   19   28   40  100
```

5.5　将一个数组中的值按逆序重新存放。例如,原来顺序为 8,6,5,4,1。要求改为 1,4,5,6,8。

解：解题思路：以中间的元素为中心,将其两侧对称的元素的值互换。例如,将 8 和 1 互换,将 6 和 4 互换。N-S 图见图 5-4。

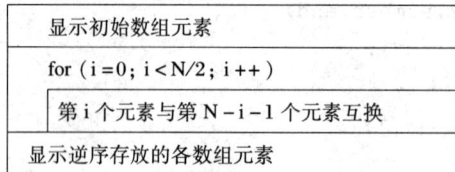

显示初始数组元素
for (i=0; i<N/2; i++)
第 i 个元素与第 N−i−1 个元素互换
显示逆序存放的各数组元素

图　5-4

编写程序如下：

```c
#include<stdio.h>
#define N 5                    //定义 N 代表 5
int main()
 { int a[N],i,temp;
   printf("enter array a:\n");
   for (i=0;i<N;i++)
     scanf("%d",&a[i]);
   printf("array a:\n");
   for (i=0;i<N;i++)
     printf("%4d",a[i]);
   for (i=0;i<N/2;i++)     //循环的作用是将对称的元素的值互换
     { temp=a[i];
       a[i]=a[N-i-1];
       a[N-i-1]=temp;
     }
   printf("\nNow,array a:\n");
   for (i=0;i<N;i++)
     printf("%4d",a[i]);
   printf("\n");
   return 0;
 }
```

运行结果：

```
enter array a:
8 6 5 4 1↙
array a:
    8    6    5    4    1
Now, array a:
    1    4    5    6    8
```

5.6 输出以下的杨辉三角形(要求输出 10 行)。

```
1
1  1
1  2  1
1  3  3  1
1  4  6  4  1
1  5  10  10  5  1
⋮
```

解：解题思路：杨辉三角形是 $(a+b)^n$ 展开后各项的系数。例如：

$(a+b)^0$ 展开后为 1   系数为 1

$(a+b)^1$ 展开后为 $a+b$ 系数为 1, 1

$(a+b)^2$ 展开后为 $a^2+2ab+b^2$ 系数为 1, 2, 1

$(a+b)^3$ 展开后为 $a^3+3a^2b+3ab^2+b^3$ 系数为 1, 3, 3, 1

$(a+b)^4$ 展开后为 $a^4+4a^3b+6a^2b^2+4ab^3+b^4$ 系数为 1, 4, 6, 4, 1

以上就是杨辉三角形的前 5 行。杨辉三角形各行的系数有以下的规律：

(1) 各行第一个数都是 1。

(2) 各行最后一个数都是 1。

(3) 从第 3 行起,除上面指出的第一个数和最后一个数外,其余各数是上一行同列和前一列两个数之和。例如,第 4 行第 2 个数(3)是第 3 行第 2 个数(2)和第 3 行第 1 个数(1)之和。可以这样表示：a[i][j] = a[i-1][j] + a[i-1][j-1],其中 i 为行数,j 为列数。

编写程序如下：

```c
#include<stdio.h>
#define N  10
int main()
  { int i,j,a[N][N];              //数组为10行10列
    for (i=0;i<N;i++)
        {a[i][i]=1;               //使对角线元素的值为1
         a[i][0]=1;               //使第1列元素的值为1
        }
    for (i=2;i<N;i++)             //从第3行开始处理
      for (j=1;j<=i-1;j++)
        a[i][j]=a[i-1][j-1]+a[i-1][j];
    for (i=0;i<N;i++)
      {for (j=0;j<=i;j++)
        printf("%6d",a[i][j]);    //输出数组各元素的值
       printf("\n");
      }
    printf("\n");
```

```
        return 0;
    }
```

💡 **说明**：数组元素的序号是从 0 开始算的，因此数组中 0 行 0 列的元素实际上就是杨辉三角形中第 1 行第 1 列的数据，余类推。

运行结果：

```
1
1    1
1    2    1
1    3    3    1
1    4    6    4    1
1    5   10   10    5    1
1    6   15   20   15    6    1
1    7   21   35   35   21    7    1
1    8   28   56   70   56   28    8    1
1    9   36   84  126  126   84   36    9    1
```

5.7 输出"魔方阵"。所谓魔方阵是指这样的方阵，它的每一行、每一列和对角线之和均相等。例如，三阶魔方阵为

```
8 1 6
3 5 7
4 9 2
```

要求输出由 $1 \sim n^2$ 的自然数构成的魔方阵。

解：解题思路：

魔方阵的阶数 n 应为奇数。要将 $1 \sim n^2$ 的自然数构成魔方阵，可按以下规律处理：

（1）将 1 放在第 1 行中间一列。

（2）从 2 开始直到 $n \times n$，各数依次按下列规则存放：每一个数存放的行比前一个数的行数减 1，列数加 1（例如上面的三阶魔方阵，5 在 4 的上一行后一列）。

（3）如果上一数的行数为 1，则下一个数的行数为 n（指最下一行）。例如，1 在第 1 行，则 2 应放在最下一行，列数同样加 1。

（4）当上一个数的列数为 n 时，下一个数的列数应为 1，行数减 1。例如，2 在第 3 行最后一列，则 3 应放在第 2 行第 1 列。

（5）如果按上面规则确定的位置上已有数，或上一个数是第 1 行第 n 列时，则把下一个数放在上一个数的下面。例如，按上面的规定，4 应该放在第 1 行第 2 列，但该位置已被 1 占据，所以 4 就放在 3 的下面。由于 6 是第 1 行第 3 列（即最后一列），故 7 放在 6 下面。

按此方法可以得到任何阶的魔方阵。

N-S 图如图 5-5 所示。

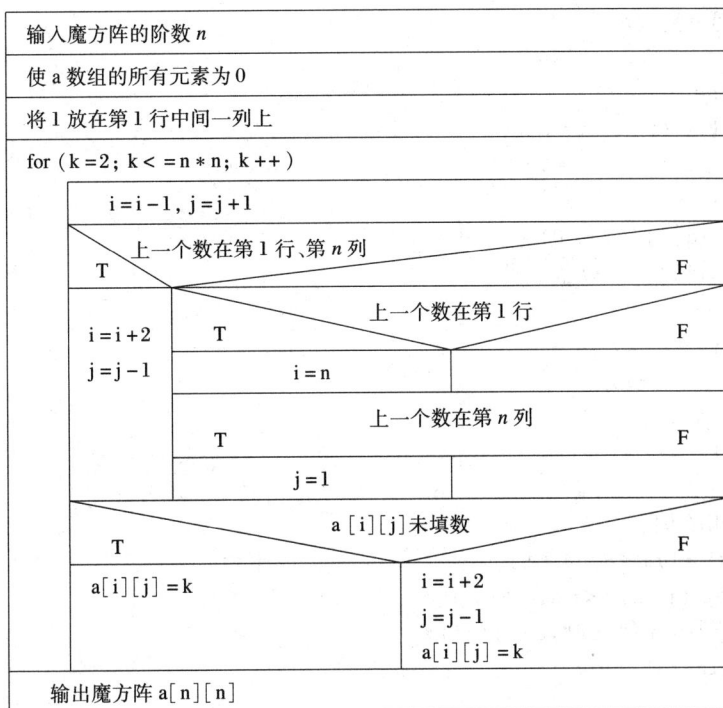

| 输入魔方阵的阶数 n |
| 使 a 数组的所有元素为 0 |
| 将 1 放在第 1 行中间一列上 |

```
for ( k = 2; k < = n * n; k + + )
```

| | i = i − 1, j = j + 1 | |

上一个数在第 1 行、第 n 列

T   F

i = i + 2   上一个数在第 1 行
j = j − 1   T   F
        i = n

上一个数在第 n 列
T   F
        j = 1

a [i][j] 未填数
T   F
a[i][j] = k   i = i + 2
                   j = j − 1
                   a[i][j] = k

| 输出魔方阵 a[n][n] |

图   5-5

编写程序如下：

```c
#include < stdio.h >
int main()
  { int a[15][15],i,j,k,p,n;
    p = 1;
    while(p == 1)
      {printf("enter n (n = 1 to 15):");      //要求阶数为 1 ~ 15 的奇数
       scanf("%d",&n);
       if ((n! = 0) && (n <= 15) && (n%2! = 0))   //检查 n 是否为 1 ~ 15 的奇数
         p = 0;
      }
    //初始化
    for (i = 1;i <= n;i ++)
      for (j = 1;j <= n;j ++)
        a[i][j] = 0;
    //建立魔方阵
    j = n/2 + 1;
    a[1][j] = 1;
    for (k = 2;k <= n * n;k ++)
      {i = i − 1;
       j = j + 1;
       if ((i < 1) && (j > n))
         {i = i + 2;
```

```
            j = j - 1;
          }
      else
        {if (i < 1) i = n;
         if (j > n) j = 1;
        }
      if (a[i][j] == 0)
        a[i][j] = k;
      else
        {i = i + 2;
         j = j - 1;
         a[i][j] = k;
        }
    }
  //输出魔方阵
  for (i = 1; i <= n; i ++)
    {for (j = 1; j <= n; j ++)
       printf("%5d", a[i][j]);
     printf("\n");
    }
  return 0;
}
```

运行结果：

```
enter n (n = 1 to 15): 5
17    24     1     8    15
23     5     7    14    16
 4     6    13    20    22
10    12    19    21     3
11    18    25     2     9
```

5.8 找出一个二维数组中的鞍点，即该位置上的元素在该行上最大、在该列上最小。也可能没有鞍点。

解：解题思路：一个二维数组最多有一个鞍点，也可能没有。寻找的方法是：先找出一行中值最大的元素，然后检查它是否为该列中的最小值，如果是，则是鞍点（不需要再找别的鞍点了），输出该鞍点；如果不是，则再找下一行的最大数……如果每一行的最大数都不是鞍点，则此数组无鞍点。

编写程序如下：

```
#include < stdio.h >
#define N 4                    //N 代表 4
#define M 5                    //M 代表 5
int main()
  { int i,j,k,a[N][M],max,maxj,flag;  //a 数组为 4 行 5 列
    printf("please input matrix:\n");
```

```
    for (i =0;i <N;i ++)                      //输入数组
      for (j =0;j <M;j ++)
        scanf("%d",&a[i][j]);
    for (i =0;i <N;i ++)
     {max = a[i][0];                          //开始时假设 a[i][0]最大
      maxj =0;                                //将列号 0 赋给 maxj 保存
      for (j =0;j <M;j ++)                     //找出第 i 行中的最大数
        if (a[i][j] >max)
          {max = a[i][j];                     //将本行的最大数存放在 max 中
           maxj =j;                           //将最大数所在的列号存放在 maxj 中
          }
      flag =1;                                //先假设是鞍点,以 flag 为1 代表
      for (k =0;k <N;k ++)
        if (max >a[k][maxj])                  //将最大数和其同列元素相比
          {flag =0;                           //如果 max 不是同列最小,表示不是鞍点,令 flag1 为 0
           continue;}
      if(flag)                                //如果 flag1 为 1 表示是鞍点
      {printf("a[%d][%d] =%d \n",i,maxj,max);        //输出鞍点的值和所在行列号
       break;
      }
     }
    if (!flag)                                //如果 flag 为 0 表示鞍点不存在
      printf("It does not exist! \n");
    return 0;
  }
```

运行结果:

① please input matrix:

<u>1 2 3 4 5</u>↙   (输入 4 行 5 列数据)

<u>2 4 6 8 10</u>↙

<u>3 6 9 12 15</u>↙

<u>4 8 12 16 20</u>↙

a[0][4] =5   (找到数组中 0 行 4 列元素是鞍点,其值为 5)

② please input matrix:

<u>1 2 3 4 5</u>↙   (输入 4 行 5 列数据)

<u>2 4 6 8 10</u>↙

<u>3 6 9 12 15</u>↙

<u>4 8 12 16 20</u>↙

It does not exist!   (无鞍点)

5.9 有 15 个数按由大到小顺序存放在一个数组中,输入一个数,要求用折半查找法找出该数是数组中第几个元素的值。如果该数不在数组中,则输出"无此数"。

解:解题思路:想在一个数列中查找一个数,最简单的方法是从第 1 个数开始顺序查

找,将要找的数与数列中的数一一比较,直到找到为止(如果数列中无此数,则应找到最后一个数,然后判定"找不到")。

但这种"顺序查找法"效率低,如果表列中有 1000 个数,且要找的数恰恰是第 1000 个数,则要进行 999 次比较才能得到结果。平均比较次数为 500 次。

折半查找法是效率较高的一种方法。基本思路如下:

假如有已按由小到大排好序的 9 个数,a[1]~a[9],其值分别为

$$1,3,5,7,9,11,13,15,17$$

若输入一个数 3,想查 3 是否在此数列中,先找出表列中居中的数,即 a[5],将要找的数 3 与 a[5]比较,今 a[5] 的值是 9,发现 a[5]>3,显然 3 应当在 a[1]~a[5],而不会在 a[6]~a[9]。这样就可以缩小查找范围,甩掉 a[6]~a[9],即将查找范围缩小为一半。再找 a[1]~a[5] 的居中的数,即 a[3],将要找的数 3 与 a[3]比较,a[3] 的值是 5,发现 a[3]>3,显然 3 应当在 a[1]~a[3]。这样又将查找范围缩小一半。再将 3 与 a[1]~a[3] 的居中的数 a[2] 比较,发现要找的数 3 等于 a[2],查找结束。一共比较了 3 次。如果表列中有 n 个数,则最多比较的次数为 $\text{int}(\log_2 n)+1$。

N-S 图如图 5-6 所示。

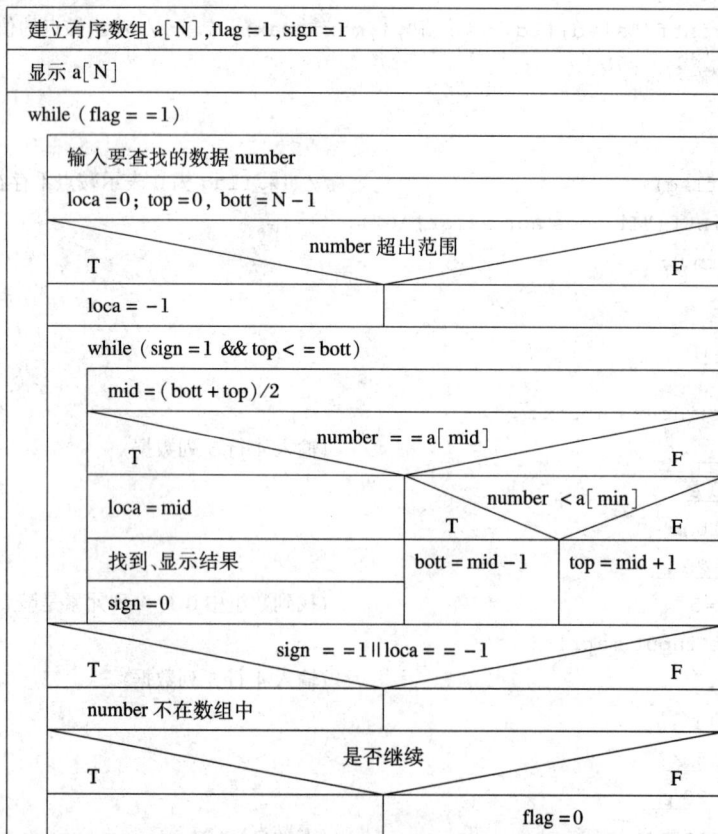

top、bott: 查找区间两端点的下标; loca: 查找成功与否的开关变量。

图 5-6

编写程序如下：

```c
#include<stdio.h>
#define  N 15
int main()
 { int i,number,top,bott,mid,loca,a[N],flag=1,sign;
   char c;
   printf("enter data:\n");
   scanf("%d",&a[0]);                        //输入第一个数
   i=1;
   while(i<N)                                 //检查数是否已输入完毕
    {scanf("%d",&a[i]);                       //输入下一个数
      if (a[i]>=a[i-1])                       //如果输入的数不小于前一个数
        i++;                                  //使数的序号加1
      else
        printf("enter this data again:\n");   //要求重新输入此数
     }
   printf("\n");
   for (i=0;i<N;i++)
     printf("%5d",a[i]);                      //输出全部15个数
   printf("\n");
   while(flag)
     {printf("input number to look for:");    //问你要查找哪个数
      scanf("%d",&number);                     //输入要查找的数
      sign=0;                                  //sign 为0表示尚未找到
      top=0;                                   //top 是查找区间的起始位置
      bott=N-1;                                //bott 是查找区间的最末位置
      if ((number<a[0])||(number>a[N-1]))      //要查的数不在查找区间内
      loca=-1;                                 //表示要查找的数不在正常范围内
      while ((!sign) && (top<=bott))
        {mid=(bott+top)/2;                     //找出中间元素的下标
         if (number==a[mid])                   //如果要查找的数正好等于中间元素
            {loca=mid;                         //记下该下标
             printf("Has found %d, its position is %d\n",number,loca+1);
                  //由于下标从0算起,而人们习惯从1算起,因此输出数的位置要加1
             sign=1;                           //表示找到了
           }
         else if (number<a[mid])               //如果要查找的数小于中间元素的值
           bott=mid-1;                         //只须从下标为0~mid-1 的元素中找
         else                                  //如果要查找的数不小于中间元素的值
           top=mid+1;                          //只须从下标为 mid+1~bott 的元素中找
        }
      if(!sign || loca==-1)

                                      //sign 为0 或 loca 等于-1,意味着找不到
```

```
            printf("cannot find %d. \n",number);      //输出"找不到"
        printf("continue or not(Y/N)?");              //问你是否继续查找
        scanf(" %c",&c);                              //不想继续查找输入'N'或'n'
        if (c == 'N' ‖ c == 'n')
            flag = 0;                                 //flag 为开关变量,控制程序是否结束运行
        }
    return 0;
    }
```

运行结果:

enter data:	(要求输入数据)
1↙	
3↙	
2↙	(数据未按由小到大顺序输入)
enter this data again:	(要求重新输入)
1↙	
3↙	
4↙	
5↙	
6↙	
8↙	
12↙	
23↙	
34↙	
44↙	
45↙	
56↙	
57↙	
58↙	
68↙	

1 3 4 5 6 8 12 23 34 44 45 56 57 58 68	(输出全部 15 个数)
input number to look for: 7↙	(要查找 7)
can not find 7.	(找不到 7)
continue or not(Y/N)? y↙	(还要继续查找)
input number to look for: 12↙	(要查找 12)
Has found 12, its position is 7	(12 的位置是第 7 个数)
continue or not(Y/N)?　n↙	
(运行结束)	

5.10　有一篇文章,共有 3 行文字,每行有 80 个字符。要求分别统计出其中英文大写字母、小写字母、数字、空格以及其他字符的个数。

解:解题思路:见 N-S 图,如图 5-7 所示。

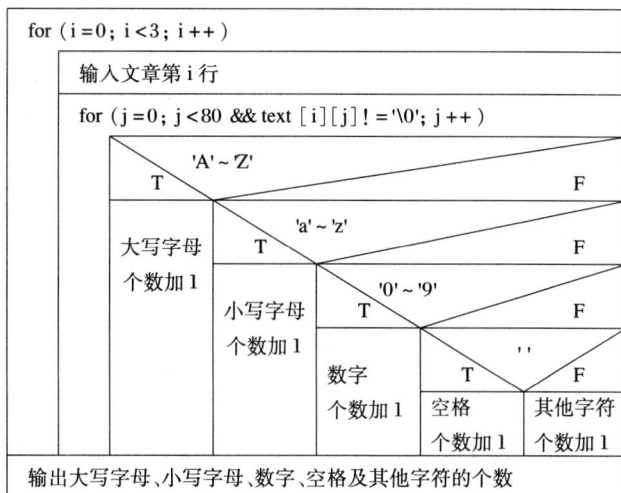

for (i = 0；i < 3；i ++)					
输入文章第 i 行					
for (j = 0；j < 80 && text [i][j]！= '\0'；j ++)					

图　5-7

编写程序如下：

```
#include<stdio.h>
int main()
 { int i,j,upp,low,dig,spa,oth;
   char text[3][80];
   upp=low=dig=spa=oth=0;
   for (i=0;i<3;i++)
   { printf("please input line %d:\n",i+1);
     gets(text[i]);
     for (j=0;j<80 && text[i][j]!='\0';j++)
       {if (text[i][j]>='A'&& text[i][j]<='Z')
         upp++;
       else if (text[i][j]>='a' && text[i][j]<='z')
         low++;
       else if (text[i][j]>='0' && text[i][j]<='9')
         dig++;
       else if (text[i][j]==' ')
         spa++;
       else
         oth++;
     }
   }
   printf("\nupper case: %d\n",upp);
   printf("lower case: %d\n",low);
   printf("digit    : %d\n",dig);
   printf("space    : %d\n",spa);
   printf("other    : %d\n",oth);
   return 0;
 }
```

运行结果：

```
please input line 1:
I am a student.↙
please input line 2:
123456↙
please input line 3:
ASDFG↙

upper case :  6
lower case :  10
digit :  6
space :  3
other :  1
```

💧 **说明**：数组 text 的行号为 0~2，但在提示用户输入各行数据时，要求用户输入第 1 行、第 2 行、第 3 行，而不是第 0 行、第 1 行、第 2 行，这完全是照顾人们的习惯。为此，在程序第 6 行中输出行数时用 i+1，而不用 i。这样并不影响程序对数组的处理，在程序中其他场合，数组的第 1 个下标值仍然是 0~2。

5.11　输出以下图案：

```
*****
 *****
  *****
   *****
    *****
```

解：编写程序如下：

```c
#include<stdio.h>
int main()
  { char a[6]={'*','*','*','*','*','\0'};
    int i,j;
    char space=' ';
    for (i=0;i<5;i++)
     {for(j=0;j<=i;j++)
        printf("%c",space);          //在每行开头输出 i 个空格
      printf("%s\n",a);              //输出 5 个 *
     }
    return 0;
  }
```

运行结果：

```
*****
 *****
  *****
   *****
    *****
```

💡**说明**：字符数组 a 的长度定义为 6,最后一个元素内容为'\0',作为字符串的结束符。请读者考虑：如果没有此'\0',输出时会出现什么情况? 上机试一下。

5.12 有一行电文,已按下面规律译成密码:

A→Z a→z

B→Y b→y

C→X c→x

⋮ ⋮

即第 1 个字母变成第 26 个字母,第 i 个字母变成第 $(26-i+1)$ 个字母。非字母字符不变。要求编写程序将密码译回原文,并输出密码和原文。

解: 解题思路: 可以定义一个数组 ch,在其中存放电文。如果字符 ch[j] 是大写字母,则它是 26 个字母中的第 $(ch[j]-64)$ 个大写字母。例如,若 ch[j] 的值是大写字母'B',它的 ASCII 码为 66,它应是字母表中第 $(66-64)$ 个大写字母,即第 2 个字母。按密码规定应将它转换为第 $(26-i+1)$ 个大写字母, 即第 $(26-2+1)=25$ 个大写字母。而 $26-i+1=26-(ch[j]-64)+1=26+64-ch[j]+1$,即 $91-ch[j]$(如 ch[j] 等于'B', $91-'B'=91-66=25$,ch[j] 应将它转换为第 25 个大写字母)。该字母的 ASCII 码为 $91-ch[j]+64$,而 $91-ch[j]$ 的值是 25,因此 $91-ch[j]+64=25+64=89$,89 是'Y'的 ASCII 码。表达式 $91-ch[j]+64$ 可以直接表示为 $155-ch[j]$。小写字母情况与此相似,但由于小写字母'a' 的 ASCII 码为 97,因此处理小写字母的公式应改为: $26+96-ch[j]+1+96=123-ch[j]+96=219-ch[j]$。例如,若 ch[j] 的值为'b',则其交换对象为 $219-'b'=219-98=121$,它是'y'的 ASCII 码。

由于此密码的规律是对称转换,即第 1 个字母转换为最后 1 个字母,最后 1 个字母转换为第 1 个字母,因此从原文译为密码和从密码译为原文,都是用同一个公式。

N-S 图如图 5-8 所示。

(1) 方法一。用两个字符数组分别存放原文和密码。程序如下:

```c
#include<stdio.h>
int main()
  { int j,n;
    char ch[80],tran[80];
    printf("input cipher code:");
    gets(ch);
    printf("\ncipher code   :%s",ch);
    j=0;
    while (ch[j]!='\0')
    { if ((ch[j]>='A') && (ch[j]<='Z'))
        tran[j]=155-ch[j];
      else if ((ch[j]>='a') && (ch[j]<='z'))
        tran[j]=219-ch[j];
      else
        tran[j]=ch[j];
      j++;
    }
```

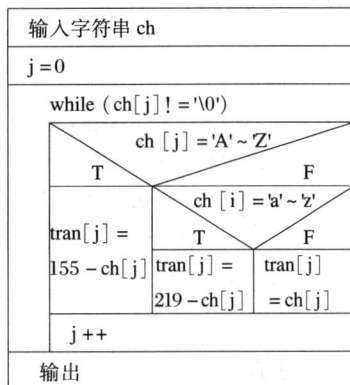

图 5-8

```
    n =j;
    printf("\noriginal text:");
    for (j =0;j <n;j ++)
      putchar(tran[j]);
    printf("\n");
    return 0;
  }
```

运行结果：

input cipher code: <u>R droo erhrg Xsrmz mvcg dvvp.</u>✓

cipher code :   R droo erhrg Xsrmz mvcg dvvp.
original text: I will visit China next week.

（2）方法二。只用一个字符数组。程序如下：

```
#include <stdio.h >
int main()
  { int j,n;
    char ch[80];
    printf("input cipher code:\n");
    gets(ch);
    printf("\ncipher code:%s \n",ch);
    j =0;
    while (ch[j]! ='\0')
    { if ((ch[j] >='A') && (ch[j] <='Z'))
        ch[j] =155 -ch[j];
      else if ((ch[j] >='a') && (ch[j] <='z'))
        ch[j] =219 -ch[j];
      else
        ch[j] =ch[j];
      j ++;
    }
    n =j;
    printf("original text:");
    for (j =0;j <n;j ++)
      putchar(ch[j]);
    printf("\n");
    return 0;
  }
```

运行情况同上。

5.13　编写程序,将两个字符串连接起来,不要用 strcat 函数。

解：N-S 图如图 5-9 所示。

编写程序如下：

```
#include<stdio.h>
int main()
  { char s1[80],s2[40];
    int i=0,j=0;
    printf("input string1:");
    scanf("%s",s1);
    printf("input string2:");
    scanf("%s",s2);
    while (s1[i]!='\0')
      i++;
    while(s2[j]!='\0')
      s1[i++]=s2[j++];
    s1[i]='\0';
    printf("\nThe new string is:%s\n",s1);
    return 0;
  }
```

输入字符串 s1、s2
while (s1[i] ! = '\0')
i ++
while (s2[j] ! = '\0')
s1[i ++]←s2[j ++]
s1[i] = '\0'
显示连接后的字符串

图　5-9

运行结果：

```
input string1: country↙
input string2: side↙
The new string is: countryside
```

5.14　编写程序,将两个字符串 s1 和 s2 进行比较, 若 s1 > s2,输出一个正数; 若 s1 = s2,输出 0; 若 s1 < s2,输出一个负数。不要用 strcpy 函数。两个字符串用 gets 函数读入。输出的正数或负数的绝对值应是相比较的两个字符串相应字符的 ASCII 码的差值。例如,"A" 与"C" 相比,由于" A" <" C",应输出负数, 同时由于'A'与'C'的 ASCII 码差值为2,因此应输出" −2"。同理: " And" 和" Aid" 比较,根据第 2 个字符比较结果,'n'比'i'大 5,因此应输出"5"。

解: 编写程序如下：

```
#include<stdio.h>
int main()
  { int i,resu;
    char s1[100],s2[100];
    printf("input string1:");
    gets(s1);
    printf("input string2:");
    gets(s2);
    i=0;
    while ((s1[i]==s2[i]) && (s1[i]!='\0')) i++;
    if (s1[i]=='\0' && s2[i]=='\0')
        resu=0;
    else
```

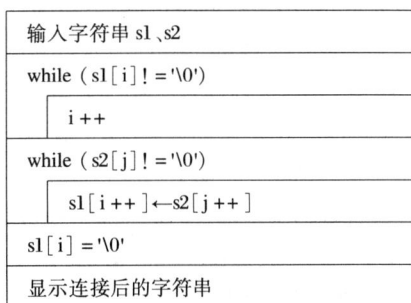

```
        resu = s1[i] - s2[i];
      printf("result:%d. \n",resu);
      return 0;
  }
```

运行结果：

input string1：<u>Aid</u>↙
input string2：<u>And</u>↙
result：- 5

5.15　编写程序，将字符数组 s2 中的全部字符复制到字符数组 s1 中。不用 strcpy
函数。复制时，'\0'也要复制过去，'\0'后面的字符不复制。

解：编写程序如下：

```
#include < stdio.h >
#include < string.h >
int main()
  { char s1[80],s2[80];
    int i,n;
    printf("input s2:");
    scanf("%s",s2);
    n = strlen(s2);              //把字符串 s2 的长度赋给 n
    for (i =0;i <=n;i ++)        //由于还要复制'\0',故执行循环 n +1 次
      s1[i] = s2[i];
    printf("s1:%s \n",s1);
    return 0;
  }
```

运行结果：

input s2：<u>student</u>↙
s1：student

5.16　输入 10 个国名，要求按字母顺序输出。

解：用起泡法对字符串排序。

编写程序如下：

```
#include < stdio.h >
#include < string.h >
int main()
  {
    char string[20];
    char str[10][20];
    int i,j;
    for (i =0;i <10;i ++)
      gets(str[i]);              //读入一个字符串
    printf(" \n");
```

```
    for(j =0;j <9;j ++)
      for(i =0;i <9 -j;i ++)
        if (strcmp(str[i],str[i +1]) >0)
          //strcmp 是字符串比较函数,如 str[i]大于 str[i +1],结果为正数
        { strcpy(string,str[i]);     //以下 3 行的作用是使 str[i]和 str[i +1]对换
          strcpy(str[i],str[i +1]);
          strcpy(str[i +1],string);
        }
    printf("\nThe sorted strings are:\n");
    for(i =0;i <10;i ++)
      printf("%s \n",str[i]);
    printf("\n");
    return 0;
}
```

运行结果:

CHINA ↙

INDIA ↙

FRANCE ↙

HOLLAND ↙

AMERICA ↙

JAPAN ↙

CANADA ↙

ENGLAND ↙

GERMANY ↙

EGYPT ↙

```
The sorted strings are:
AMERICA
CANADA
CHINA
EGYPT
ENGLAND
FRANCE
GERMANY
HOLLAND
INDIA
JAPAN
```

第6章 利用函数进行模块化程序设计

6.1 写两个函数，分别求两个整数的最大公约数和最小公倍数，用主函数调用这两个函数，并输出结果。两个整数由键盘输入。

解：解题思路：设两个整数 u 和 v，用辗转相除法求最大公约数的算法用伪代码表示如下：

```
begin
  if v > u
      将变量 u 与 v 的值互换                    (使大者 u 为被除数)
  while (u/v 的余数 r≠0)
     { u = v                                (使除数 v 变为被除数 u)
       v = r                                (使余数 r 变为除数 v)
     }
  输出最大公约数 r
  最小公倍数 l = u * v/最大公约数 r
end
```

编写程序如下：

```
#include < stdio.h >
int main()
  { int hcf(int,int);                //函数声明
    int lcd(int,int,int);            //函数声明
    int u,v,h,l;
    scanf("%d,%d",&u,&v);
    h = hcf(u,v);
    printf("H.C.F = %d\n",h);
    l = lcd(u,v,h);
    printf("L.C.D = %d\n",l);
    return 0;
  }

int hcf(int u,int v)
  { int t,r;
```

```
  if (v > u)
    { t = u; u = v; v = t; }
  while ((r = u%v) ! = 0)
    { u = v;
      v = r; }
  return(v);
}


int lcd(int u, int v, int h)
{
  return(u * v/h);
}
```

运行结果：

<u>24,16</u> ↙　　　　　　　　　　　　　(输入两个整数)

H.C.F = 8　　　　　　　　　　　(最大公约数)

L.C.D = 48　　　　　　　　　　 (最小公倍数)

6.2　求方程 $ax^2 + bx + c = 0$ 的根,用 3 个函数分别求当 $b^2 - 4ac$ 大于 0、等于 0 和小于 0 时的根并输出结果。从主函数输入 a,b,c 的值。

解：编写程序如下：

```
#include < stdio.h >
#include < math.h >
double x1,x2,disc,p,q;                      //定义全局变量
int main()
  { void greater_than_zero(float,float); //函数声明
    void equal_to_zero(float,float);       //函数声明
    void smaller_than_zero(float,float); //函数声明
    float a,b,c;                           //定义局部变量
    printf("input a,b,c:");
    scanf("%f,%f,%f",&a, &b, &c);
    printf("equation:%5.2f * x * x + %5.2f * x + %5.2f = 0 \n",a,b,c);
    disc = b * b - 4 * a * c;
    printf("root:\n");
    if (disc > 0)
     {
       greater_than_zero(a,b);
       printf("x1 = %f \t \tx2 = %f \n",x1,x2);
     }
    else if (disc == 0)
     { equal_to_zero(a,b);
       printf("x1 = %f \t \tx2 = %f \n",x1,x2);
     }
    else
     { smaller_than_zero(a,b);
```

```
        printf("x1 = %f + %fi \tx2 = %f - %fi \n",p,q,p,q);
      }
    return 0;
  }


void greater_than_zero(float a,float b)
  { x1 = ( -b + sqrt(disc))/(2 * a);
    x2 = ( -b - sqrt(disc))/(2 * a);
  }


void equal_to_zero(float a,float b)
  {
    x1 = x2 = ( -b)/(2 * a);
  }


void smaller_than_zero(float a,float b)
  {
    p = -b/(2 * a);
    q = sqrt( -disc)/(2 * a);
  }
```

运行结果：

① input a,b,c: <u>2,4,1</u>↙
    equation: 2.00 * x * x + 4.00 * x + 1.00 = 0   (用 x * x 表示 x 的平方)
root:
x1 = -0.292893   x2 = -1.707107
② input a,b,c: <u>1,2,1</u>↙
equation: 1.00 * x * x + 2.00 * x + 1.00 = 0
root:
x1 = -1.000000   x2 = -1.000000
③ input a,b,c: <u>2,4,3</u>↙
equation: 2.00 * x * x + 4.00 * x + 3.00 = 0
root:
x1 = -1.000000 + 0.707107i x2 = -1.000000 - 0.707107i

6.3 写一个判素数的函数，在主函数输入一个整数，输出是否是素数的信息。

解：编写程序如下：

```
#include < stdio.h >
int main()
  { int prime(int);
    int n;
    printf("\ninput an integer:");
    scanf("%d",&n);
    if (prime(n))
      printf("\n %d is a prime number. \n",n);
```

```
  else
    printf(" \n %d is not a prime number. \n",n);
  return 0;
}


int prime(int n)
{ int flag =1,i;
  for (i =2;i < n/2 && flag ==1;i ++)
    if (n%i ==0)
      flag =0;
  return(flag);
}
```

运行结果：

① input an integer: <u>17</u>↙

　　17 is a prime number.

② input an integer:25 ↙

　　25 is not a prime number.

6.4　写一个函数，使给定的一个 3×3 的二维整型数组转置，即行列互换。

解：编写程序如下：

```
#include< stdio.h >
#define N 3
int array[N][N];
int main()
  { void convert(int array[][3]);          //函数声明
    int i,j;
    printf("input array: \n");
    for (i =0;i < N;i ++)
     for (j =0;j < N;j ++)
       scanf("%d",&array[i][j]);          //输入数组元素的值
    printf(" \noriginal array : \n");
    for (i =0;i < N;i ++)
    {for (j =0;j < N;j ++)
      printf("%5d",array[i][j]);          //输出矩阵
     printf(" \n");
    }
    convert(array);                        //函数调用
    printf("convert array: \n");
    for (i =0;i < N;i ++)
     { for (j =0;j < N;j ++)
        printf("%5d",array[i][j]);         //按行列互换后输出
      printf(" \n");
     }
    return 0;
```

```
        }

void convert(int array[][3])                //定义行列转置的函数
   { int i,j,t;
     for (i =0;i <N;i ++)
      for (j =i +1;j <N;j ++)
        { t =array[i][j];
          array[i][j] =array[j][i];
          array[j][i] =t;
        }
   }
```

运行结果：

```
input array:
1 2 3↙
4 5 6↙
7 8 9↙


original array:
    1    2    3
    4    5    6
    7    8    9
convert array:
    1    4    7
    2    5    8
    3    6    9
```

6.5　写一个函数，使输入的一个字符串按反序存放，在主函数中输入和输出字符串。

解：编写程序如下：

```
#include <stdio.h >
#include <string.h >
int main()
   { void inverse(char str[]);              //函数声明
     char str[100];
     printf("input string:");
     scanf("%s",str);
     inverse(str);                          //调用 inverse 函数
     printf("inverse string:%s \n",str);
     return 0;
   }

void inverse(char str[])                    //定义处理逆序的函数
   { char t;
     int i,j,n;
     n =strlen(str);
```

```
      for (i =0,j =n;i <n/2;i ++,j --)
       { t =str[i];
         str[i] =str[j -1];
         str[j -1] =t;
       }
      }
```

运行结果:

input string: <u>abcdefg</u>↙
inverse string: gfedcba

6.6 写一个函数,将两个字符串连接。

解:编写程序如下:

```
#include <stdio.h >
int main()
  { void concatenate(char string1[],char string2[],char string[]);
    char s1[100],s2[100],s[100];
    printf("input string1:");
    scanf("%s",s1);
    printf("input string2:");
    scanf("%s",s2);
    concatenate(s1,s2,s);
    printf("\nThe new string is %s \n",s);
    return 0;
  }
```

```
void concatenate(char string1[],char string2[],char string[])
  { int i,j;
    for (i =0;string1[i]! =' \0';i ++)
      string[i] =string1[i];
    for(j =0;string2[j]! =' \0';j ++)
      string[i +j] =string2[j];
    string[i +j] =' \0';
  }
```

运行结果:

input string1: <u>China</u>↙
input string2: <u>town</u>↙

The new string is Chinatown

6.7 写一个函数,将一个字符串中的元音字母复制到另一个字符串,然后输出。

解:编写程序如下:

```
#include <stdio.h >
```

```
int main()
  { void cpy(char [],char []);
    char str[80],c[80];
    printf("input string:");
    gets(str);
    cpy(str,c);
    printf("The vowel letters are:%s\n",c);
    return 0;
  }

void cpy(char s[],char c[])
  { int i,j;
    for (i=0,j=0;s[i]!='\0';i++)
      if (s[i]=='a'‖s[i]=='A'‖s[i]=='e'‖s[i]=='E'‖s[i]=='i'‖
          s[i]=='I'‖s[i]=='o'‖s[i]=='O'‖s[i]=='u'‖s[i]=='U')
        {c[j]=s[i];
          j++;
        }
    c[j]='\0';
  }
```

运行结果：

input string: I am happy.↙
The vowel letters are:Iaa

6.8 写一个函数,输入一个4位数字,要求输出这4个数字字符,但每两个数字间空一个空格。如输入2021,应输出"2 0 2 1"。

解： 编写程序如下：

```
#include<stdio.h>
#include<string.h>
int main()
  { char str[80];
    void insert(char []);
    printf("input four digits:");
    scanf("%s",str);
    insert(str);
    return 0;
  }

void insert(char str[])
  { int i;
    for (i=strlen(str);i>0;i--)
     { str[2*i]=str[i];
       str[2*i-1]=' ';
     }
```

```
    printf("output:\n%s\n",str);
  }
```

运行结果:

```
input four digits:  2050↙
output:
2 0 5 0
```

6.9　编写一个函数,由实参传来一个字符串,统计此字符串中字母、数字、空格和其他字符的个数,在主函数中输入字符串以及输出上述的结果。

解:编写程序如下:

```
#include<stdio.h>
int letter,digit,space,others;
int main()
  { void count(char []);
    char text[80];
    printf("input string:\n");
    gets(text);
    printf("string:");
    puts(text);
    letter=0;
    digit=0;
    space=0;
    others=0;
    count(text);
    printf("\nletter:%d\ndigit:%d\nspace:%d\nothers:%d\n",letter,digit,
        space,others);
    return 0;
  }

void count(char str[])
  { int i;
    for (i=0;str[i]!='\0';i++)
    if ((str[i]>='a'&& str[i]<='z') || (str[i]>='A' && str[i]<='Z'))
      letter++;
    else if (str[i]>='0' && str [i]<='9')
      digit++;
    else if (str[i]==32)
      space++;
    else
      others++;
  }
```

运行结果:

```
input string:
```

My address is #123 Shanghai Road, Beijing,100045.↙
String: My address is #123 Shanghai Road, Beijing,100045.

Letter: 30
digit: 9
space: 5
others: 4

6.10 写一个函数,输入一行字符,将此字符串中最长的单词输出。

解:解题思路:认为单词是全由字母组成的字符串,程序中设 longest 函数的作用是找最长单词的位置。此函数的返回值是该行字符中最长单词的起始位置。longest 函数的 N-S 图如图 6-1 所示。

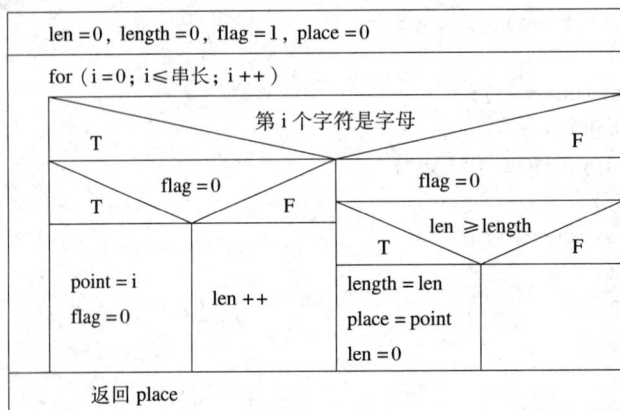

图 6-1

图 6-1 中用 flag 表示单词是否已开始,flag =0 表示未开始,flag =1 表示单词开始;len 代表当前单词已累计的字母个数;length 代表先前单词中最长单词的长度;point 代表当前单词的起始位置(用下标表示);place 代表最长单词的起始位置。函数 alphabetic 的作用是判断当前字符是否是字母,若是,则返回1,否则返回0。

编写程序如下:

```
#include<stdio.h>
#include<string.h>
int main()
  { int alphabetic(char);
    int longest(char []);
    int i;
    char line[100];
    printf("input one line:\n");
    gets(line);
    printf("The longest word is :");
    for (i=longest(line);alphabetic(line[i]);i++)
      printf("%c",line[i]);
```

```
        printf("\n");
        return 0;
    }

int alphabetic(char c)
    { if ((c >= 'a' && c <= 'z') || (c >= 'A' && c <= 'z'))
        return(1);
      else
        return(0);
    }


int longest(char string[])
    { int len = 0, i, n, length = 0, flag = 1, place = 0, point;
      n = strlen(string);
      for (i = 0; i <= n; i++)
        if (alphabetic(string[i]))
          if (flag)
            { point = i;
              flag = 0;
            }
          else
          len++;
        else
        { flag = 1;
          if (len >= length)
            { length = len;
              place = point;
              len = 0;
            }
        }
      return(place);
    }
```

运行结果：

input one line:

We introduce standard C and the key programming and design techniques
supported by C. ↙

The longest word is : programming

6.11　写一个函数，用"起泡法"对输入的 10 个字符按由小到大顺序排列。

解：解题思路：用函数 sort 实现排序功能。主函数的 N-S 图如图 6-2 所示。sort 函数的 N-S 图如图 6-3 所示。

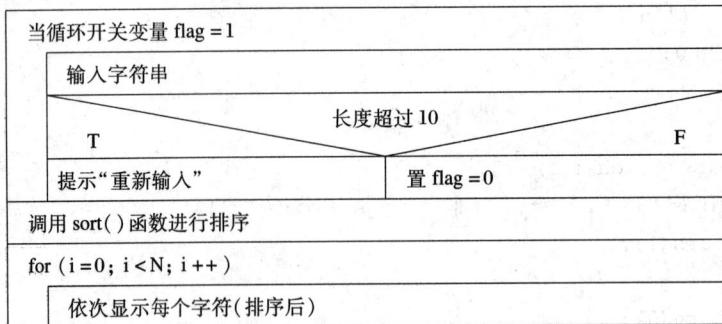

图　6-2

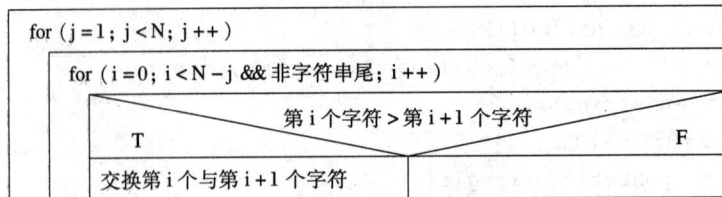

图　6-3

编写程序如下：

```c
#include <stdio.h>
#include <string.h>
#define N 10
char str[N];
int main()
  { void sort(char []);
    int i,flag;
    for (flag=1;flag==1;)
      { printf("input string:\n");
        scanf("%s",&str);
        if (strlen(str)>N)
          printf("string too long,input again!");
        else
          flag=0;
      }
    sort(str);
    printf("string sorted:\n");
    for (i=0;i<N;i++)
      printf("%c",str[i]);
    printf("\n");
    return 0;
  }

void sort(char str[])
```

```
{ int i,j;
  char t;
  for(j =1;j < N;j ++)
    for (i =0;(i < N - j)&&(str[i]! = '\0');i ++)
      if(str[i] > str[i +1])
        { t = str[i];
          str[i] = str[i +1];
          str[i +1] = t;
        }
}
```

运行结果：

input string:
<u>reputation</u>↙
string sorted:
aeionprttu

6.12　用牛顿迭代法求根。方程为 $ax^3 + bx^2 + cx + d = 0$,系数 a,b,c,d 的值依次为 $1,2,3,4$,由主函数输入。求 x 在 1 附近的一个实根。求出根后由主函数输出。

解：解题思路：牛顿迭代公式为

$$x = x_0 - \frac{f(x_0)}{f'(x_0)}$$

其中,x_0 是上一次求出的近似根,在开始时根据题设 $x_0 = 1$(题目希望求 x 在 1 附近的一个实根,因此第 1 次的近似值可以设定为 1)。令 $f(x) = ax^3 + bx^2 + cx + d$,代入 a,b,c,d 的值,得到 $f(x) = x^3 + 2x^2 + 3x + 4$。$f'(x)$ 是 $f(x)$ 的导数,$f'(x) = 3x^2 + 6x + 3$。第 1 次迭代,$x = 1 - \frac{f(1)}{f'(1)} = 1 - \frac{1 + 2 + 3 + 4}{3 + 6 + 3} = 1 - \frac{10}{12} = 0.1666666$。第 2 次迭代以 0.1666666 作为 x_0 代入迭代公式,求出 x 的下一个近似值。依此类推,每次迭代都从 x 的上一个近似值求出下一个更接近真值的 x。一直迭代到 $|x - x_0| \leqslant 10^{-3}$ 时结束。

用牛顿迭代法求方程根的函数 solut 的 N-S 图如图 6-4 所示。

编写程序如下：

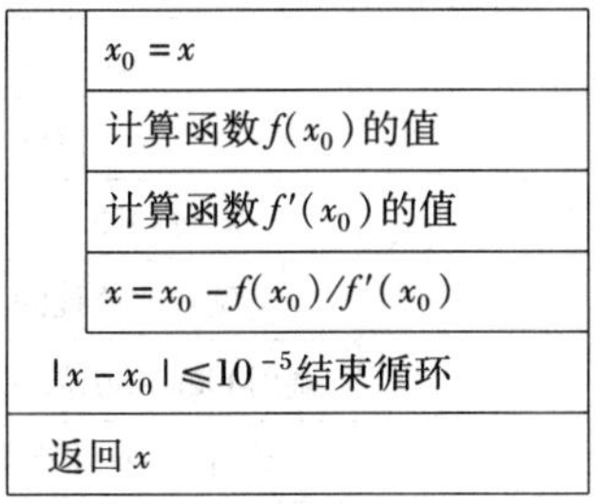

```
#include < stdio.h >
#include <math.h >
int main()
  { float solut(float a,float b,float c,float d);
    float a,b,c,d;
    printf("input a,b,c,d:");
    scanf("%f,%f,%f,%f",&a, &b, &c, &d);
    printf("x =%10.7f \n",solut(a,b,c,d));
    return 0;
  }
```

$x_0 = x$
计算函数 $f(x_0)$ 的值
计算函数 $f'(x_0)$ 的值
$x = x_0 - f(x_0)/f'(x_0)$
$|x - x_0| \leqslant 10^{-5}$ 结束循环
返回 x

图　6-4

```
float solut(float a,float b,float c,float d)
{ float x =1,x0,f,f1;
    do
    {x0 = x;
     f = ((a * x0 + b) * x0 + c) * x0 + d;
     f1 = (3 * a * x0 + 2 * b) * x0 + c;
     x = x0 - f/f1;
    }
    while(fabs(x - x0) >=1e - 3);
    return(x);
}
```

运行结果：

```
input a,b,c,d:1,2,3,4↙
x = -1.6506292
```

6.13 输入 10 个学生 5 门课的成绩，分别用函数实现下列功能：

① 计算每个学生平均分；

② 计算每门课的平均分；

③ 找出所有 50 个分数中最高的分数所对应的学生和课程；

④ 计算平均分方差：

$$\sigma = \frac{1}{n} \sum x_i^2 - \left(\frac{\sum x_i}{n}\right)^2$$

其中，x_i 为某一学生的平均分。

解：主函数的 N-S 图如图 6-5 所示。

调用 input_ stu 函数，输入 10 个学生的成绩		
调用 aver_ stu 函数，计算每个学生的平均分		
调用 aver_ cour 函数，计算每门课的平均分		
对每个学生		
	对每门课	
		显示相应的成绩
		显示该学生的平均分
	对每门课	
		显示该课程的平均分
调用 highest 函数找出最高分数及对应的学生和课程		
调用 s_ var 计算方差并显示计算结果		

图 6-5

函数 input_stu 的执行结果是给全程变量学生成绩数组 score 各元素输入初值。

函数 aver_stu 的作用是计算每个学生的平均分，并将结果赋给全程变量数组 a_stu 中各元素。

函数 aver_cour 的作用是计算每门课的平均成绩,计算结果存入全程变量数组 a_cour。

函数 highest 的返回值是最高分,r,c 是两个全局变量,分别代表最高分所在的行、列号。该函数的 N-S 图见图 6-6。

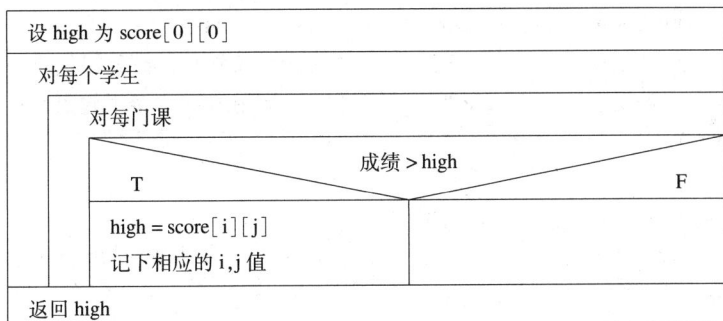

图 6-6

函数 s_var 的返回值是平均分的方差。

编写程序如下:

```c
#include < stdio.h >
#define N 10
#define M 5
float score[N][M];                    //全局数组
float a_stu[N],a_cour[M];             //全局数组
int r,c;                              //全局变量

int main()
  { int i,j;
    float h;
    float s_var(void);                //函数声明
    float highest();                  //函数声明
    void input_stu(void);             //函数声明
    void aver_stu(void);              //函数声明
    void aver_cour(void);             //函数声明
    input_stu();                      //函数调用,输入10个学生成绩
    aver_stu();                       //函数调用,计算10个学生的平均成绩
    aver_cour();
    printf("\n  NO.    cour1   cour2   cour3   cour4   cour5   aver \n");
    for(i =0;i <N;i ++)
     {printf("\n NO %2d ",i +1);      //输出1个学生号
      for(j =0;j <M;j ++)
        printf("%8.2f",score[i][j]);  //输出1个学生各门课的成绩
      printf("%8.2f \n",a_stu[i]);    //输出1个学生的平均成绩
     }
```

```
    printf("\naverage:");
    for (j =0;j <M;j ++)                  //输出5门课平均成绩
      printf("%8.2f",a_cour[j]);
    printf("\n");
    h =highest();                         //调用函数,求最高分和它属于哪个学生、哪门课
    printf("highest:%7.2f   NO.%2d   course %2d\n",h,r,c);
                                          //输出最高分和学生号、课程号
    printf("variance %8.2f\n",s_var());//调用函数,计算并输出方差
    return 0;
  }

void input_stu(void)                      //输入10个学生成绩的函数
  { int i,j;
    for (i =0;i <N;i ++)
     {printf("\ninput score of student%2d:\n",i +1);         //学生号从1开始
      for (j =0;j <M;j ++)
        scanf("%f",&score[i][j]);
     }
  }

void aver_stu(void)                       //计算10个学生平均成绩的函数
  { int i,j;
    float s;
    for (i =0;i <N;i ++)
     {for (j =0,s =0;j <M;j ++)
        s +=score[i][j];
      a_stu[i] =s/5.0;
     }
  }

void aver_cour(void)                      //计算5门课平均成绩的函数
  { int i,j;
    float s;
    for (j =0;j <M;j ++)
     {s =0;
      for (i =0;i <N;i ++)
        s +=score[i][j];
      a_cour[j] =s/(float)N;
     }
  }

float highest()                           //求最高分和它属于哪个学生、哪门课的函数
  { float high;
```

```
        int i,j;
        high = score[0][0];
        for (i = 0;i < N;i ++)
          for (j = 0;j < M;j ++)
            if (score[i][j] > high)
              { high = score[i][j];
                r = i + 1;            //数组行号 i 从 0 开始,学生号 r 从 1 开始,故 r = i + 1
                c = j + 1;            //数组列号 j 从 0 开始,课程号 c 从 1 开始,故 c = j + 1
              }
        return(high);
    }


float s_var(void)                    //求方差的函数
  { int i;
    float sumx,sumxn;
    sumx = 0.0;
    sumxn = 0.0;
    for (i = 0;i < N;i ++)
      { sumx + = a_stu[i] * a_stu[i];
        sumxn + = a_stu[i];
      }
    return(sumx/N - (sumxn/N) * (sumxn/N));
  }
```

运行结果:

input score of student 1:
87 88 92 67 78 ↙
input score of student 2:
88 86 87 98 90 ↙
input score of student 3:
76 75 65 65 78 ↙
input score of student 4:
67 87 60 90 67 ↙
input score of student 5:
77 78 85 64 56 ↙
input score of student 6:
76 89 94 65 76 ↙
input score of student 7:
78 75 64 67 77 ↙
input score of student 8:
77 76 56 87 85 ↙
input score of student 9:
84 67 78 76 89 ↙

input score of student10:
<u>86 75 64 69 90</u>↙

NO.	cour1	cour2	cour3	cour4	cour5	aver
NO 1	87.00	88.00	92.00	67.00	78.00	82.40
NO 2	88.00	86.00	87.00	98.00	90.00	89.80
NO 3	76.00	75.00	65.00	65.00	78.00	71.80
NO 4	67.00	87.00	60.00	90.00	67.00	74.20
NO 5	77.00	78.00	85.00	64.00	56.00	72.00
NO 6	76.00	89.00	94.00	65.00	76.00	80.00
NO 7	78.00	75.00	64.00	67.00	77.00	72.20
NO 8	77.00	76.00	56.00	87.00	85.00	76.20
NO 9	84.00	67.00	78.00	76.00	89.00	78.80
NO 10	86.00	75.00	64.00	69.00	90.00	76.80

```
average:  79.60  79.60  74.50  74.80  78.60
highest:  98.00  NO. 2  course 4
variance 28.71
```

6.14　写几个函数：

① 输入10个职工的姓名和职工号；

② 按职工号由小到大顺序排序，姓名顺序也随之调整；

③ 要求输入一个职工号，用折半查找法找出该职工的姓名，从主函数输入要查的职工号，输出该职工姓名。

解： 解题思路：用 input 函数完成10个职工的数据的录入。

用 sort 函数实现选择法排序，其流程类似于第5章习题第2题。

用 search 函数实现折半查找方法，找出指定职工号的职工姓名，查找的算法参见第5章习题第9题。

定义一个一维整型数组 num，用来存放10个职工号。定义一个二维字符数组 name，用来存放10个职工的姓名(假设姓名的长度不超过8个字符)。

编写程序如下：

```c
#include<stdio.h>
#include<string.h>
#define N 10
int main()
  { void input(int [],char name[][8]);             //函数声明
    void sort(int [],char name[][8]);              //函数声明
    void search(int ,int [],char name[][8]);       //函数声明
    int num[N],number,flag=1,c;
    char name[N][8];
    input(num,name);                               //调用 input 函数
    sort(num,name);                                //调用 sort 函数
```

```
    while (flag ==1)                                //提示要查找的职工号
      { printf("\ninput number to look for:");      //输入职工号
        scanf("%d",&number);                         //调用 search 函数
        search(number,num,name);                     //询问是否继续查找
        printf("continue or not(Y/N)?");
        getchar();
        c =getchar();
        if (c =='N' ‖ c =='n')
          flag =0;
      }
    return 0;
  }


void input(int num[],char name[N][8])               //输入数据的函数
  { int i;
    for (i =0;i <N;i ++)
    { printf("input NO.: ");
      scanf("%d",&num[i]);
      printf("input name: ");
      getchar();
      gets(name[i]);
    }
  }


void sort(int num[],char name[N][8])                //排序的函数
  { int i,j,min,temp1;
    char temp2[8];
    for (i =0;i <N -1;i ++)
      { min =i;
        for (j =i;j <N;j ++)
          if (num[min] >num[j])   min =j;
        temp1 =num[i];
        strcpy(temp2,name[i]);
        num[i] =num[min];
        strcpy(name[i],name[min]);
        num[min] =temp1;
        strcpy(name[min],temp2);
      }
    printf("\n result:\n");
    for (i =0;i <N;i ++)
        printf("\n %5d%10s",num[i],name[i]);
  }
```

```
void search(int n,int num[],char name[N][8])          //折半查找的函数

{ int top,bott,mid,loca,sign;
    top =0;
    bott =N -1;
    loca =0;
    sign =1;
    if ((n <num[0]) || (n >num[N -1]))
      loca = -1;
    while((sign ==1) && (top <=bott))
    { mid = (bott +top) /2;
    if (n ==num[mid])
      { loca =mid;
        printf("NO. %d , his name is %s. \n",n,name[loca]);
        sign = -1;
      }
    else if (n <num[mid])
        bott =mid -1;
    else
        top =mid +1;
    }
    if (sign ==1 || loca == -1)
        printf("%d not been found. \n",n);
}
```

运行结果：

```
input NO.: 3 ↙
input name: Li ↙
input NO.: 1 ↙
input name: Zhang ↙
input NO.: 27 ↙
input name: Yang ↙
input NO.: 7 ↙
input name: Qian ↙
input NO.: 8 ↙
input name: Sun ↙
input NO.: 12 ↙
input name: Jiang
input NO.: 6 ↙
input name: Zhao ↙
input NO.: 23 ↙
input name: Shen ↙
input NO.: 2 ↙
```

input name: <u>Wang</u> ↙

input NO.: <u>26</u> ↙

input name: <u>Han</u>

result:

```
 1   Zhang
 2   Wang
 3    Li
 6   Zhao
 7   Qian
 8   Sun
12   Jiang
23   Shen
26    Han
27   Yang
```

input number to look for: <u>3</u>↙   (要找序号为 3 的职工的姓名)

NO. 3, his name is Li.

continue or not(Y/N)? <u>y</u>↙   (是否继续查找?,Y 或 y 表示"是")

input number to look for: <u>4</u>↙

4 not been found.

continue or not(Y/N)? <u>n</u>↙   (是否继续查找?,N 或 n 表示"不是")

　　　(程序运行结束)

6.15 写一个函数,输入一个十六进制数,输出相应的十进制数。

解:解题思路:画出主函数的 N-S 图(见图 6-7)。从十六进制转换为十进制数的函数取名 htoi('h'代表十六进制 hex,'i'代表十进制整数),htoi 函数流程图见图 6-8。

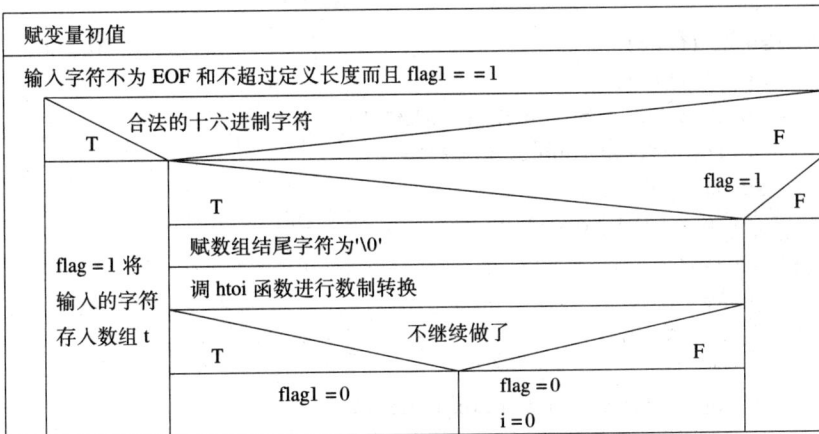

图 6-7

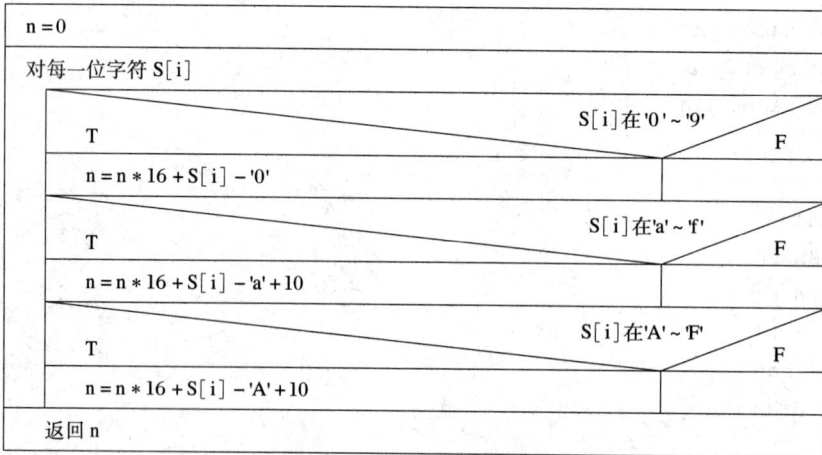

n = 0				
对每一位字符 S[i]				
T			S[i]在'0'~'9'	F
n = n * 16 + S[i] – '0'				
T			S[i]在'a'~'f'	F
n = n * 16 + S[i] – 'a' + 10				
T			S[i]在'A'~'F'	F
n = n * 16 + S[i] – 'A' + 10				
返回 n				

图　6-8

编写程序如下：

```
#include<stdio.h>
#define MAX 1000
int main()
  { int htoi(char s[]);
    int c,i,flag,flag1;
    char t[MAX];
    i=0;
    flag=0;
    flag1=1;
    printf("input a hex number:");
    while((c=getchar())!='\0' && i<MAX&& flag1)
    {if (c>='0' && c<='9' ‖ c>='a' && c<='f' ‖ c>='A' && c<='F')
      {flag=1;
        t[i++]=c;
       }
      else if (flag)
        {t[i]='\0';
          printf("decimal number %d\n",htoi(t));
          printf("continue or not?");
          c=getchar();
          if (c=='N' ‖ c=='n')
            flag1=0;
          else
            {flag=0;
             i=0;
             printf("\ninput a hex number:");
            }
        }
    }
```

```
    return 0;
    }

int htoi(char s[])              //十六进制数转换为十进制数的函数
    { int i,n;
    n = 0;
    for (i = 0;s[i]! = '\0';i ++)
    {if (s[i] >= '0'&& s[i] <= '9')
        n = n * 16 + s[i] - '0';
     if (s[i] >= 'a' && s[i] <= 'f')
        n = n * 16 + s[i] - 'a' +10;
     if (s[i] >= 'A' && s[i] <= 'F')
        n = n * 16 + s[i] - 'A' +10;
    }
    return(n);
    }
```

运行结果：

input a HEX number: f↙   (输入一个十六进制数 f)

decimal number: 15   (十六进制数 f 就是十进制的 15)

continue or not? y↙   (还要继续进行下去)

input a HEX number: 10↙

decimal number: 16

continue or not? y↙

input a HEX number: all↙

decimal number: 2577

continue or not? n↙

    (程序运行结束)

6.16　输入 4 个整数,找出其中最大的数。用函数的递归调用来处理(这是教材第 6 章例 6.4 的题目,例 6.4 程序用的是递推方法,今要求改用递归方法处理)。

解: 解题思路: 在教材第 6 章例 6.4 的 max4 函数中,先后 3 次调用 max2。这 3 次调用是平行的,先后进行的,调用完第 1 次才去调用第 2 次,调用完第 2 次才去调用第 3 次。每次调用能从两个数中得到大者。用的是递推方法。

也可以换一种思路。可以这样想: ①如果能知道前 3 个数中的大者,问题就容易解决了,此时只须调用一次 max2 函数就能得到 4 个数中的最大者。于是求 4 个数中的大者的难度就降低为求 3 个数中的大者的难度了。②但是,现在也不知道前 3 个数中的大者。如果能知道前 2 个数中的大者,只要调用一次 max2 函数就能得到 3 个数中的大者了。于是求 3 个数中的大者的难度就降低为求 2 个数中的大者的难度了。③而要知道前 2 个数中的大者并不难,只须调用一次 max2 函数即可。

可以表示如下。

① 4 个数中的大者 = max2(前 3 个数中的大者,d)

↓

而"前 3 个数中的大者" = max2(前 2 个数中的大者,c)

② 由于前 3 个数中的大者 = max2(前 2 个数中的大者,c),因此将 max2(前 2 个数中的大者,c)代替式①中的"前 3 个数中的大者",得到：

4 个数中的大者 = max2(max2(前 2 个数中的大者,c),d)

↓

而"前 2 个数中的大者" = max2(a,b)

③ 由于前 2 个数中的大者 = max2(a,b),因此将 max2(a,b) 代替式②中的"前 2 个数中的大者",得到：

4 个数中的大者 = max2(max2(max2(a,b),c),d)

这就是递归的方法。想要得到的"4 个数中最大者"的最后结果是未知的,为了求到它,需要回溯找前一个结果(3 个数的大者),但仍然不知道其值,再回溯找其前一结果(2 个数的大者),此时调用一次 max2 函数就可得到结果了,这就成为已知的了。从这个已知的结果可推出 3 个数的大者,再从此已知的结果推出 4 个数的大者,这就是最后的结果。递归是由两个阶段组成的过程,先进行回溯过程,回溯到某一次可得到一个已知值,然后以此为基础进行递推过程,直到得到最后结果。

编写程序如下：

```c
#include<stdio.h>
int main()
  { int max4(int a,int b,int c,int d);          //函数声明
    int a,b,c,d,max;
    printf("Please enter 4 integer numbers:");
    scanf("%d,%d,%d,%d",&a,&b,&c,&d);
    max=max4(a,b,c,d);                           //调用 max4 函数
    printf("max=%d \n",max);
    return 0;
  }

int max4(int a,int b,int c,int d)               //定义 max4 函数
  { int max2(int a,int b);                       //函数声明
    int m;
    m=max2(max2(max2(a,b),c),d);                 //仔细分析此行
    return(m);
  }

int max2(int a,int b)
  {
    return(a>b?a:b); //"a>b?a:b"是条件表达式,当 a>b 时,表达式的值为 a,否则为 b
  }
```

运行结果：

```
23  567  -2 43↙
max =567
```

请仔细分析 max4 函数中的下面语句：

```
m =max2 (max2 (max2 (a,b),c),d);
```

它与例 6.4 的嵌套调用不同,是在执行第 1 次 max2 函数的过程中又调用了一次 max2 函数,在执行第 2 次 max2 函数的过程中又第 3 次调用了 max2 函数。即在执行一个函数的过程中又调用这个函数。这种调用就是递归调用。

int ma4 函数可以简化如下：

```
int max4 (int a,int b,int c,int d)
{ int max2 (int a,int b);                    //函数声明
  return(max2 (max2 (max2 (a,b),c),d));      //递归调用 max2 函数
}
```

用一个 return 语句就完成了递归调用 max2 函数和返回 max4 函数值的功能。

6.17　用递归法将一个整数 n 转换成字符串。例如,输入 483,应输出字符串"483"。n 的位数不确定,可以是任意位数的整数。

解：解题思路：主函数的 N-S 图如图 6-9 所示。

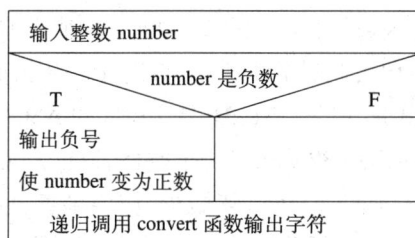

输入整数 number		
number 是负数		
T		F
输出负号		
使 number 变为正数		
递归调用 convert 函数输出字符		

图　6-9

编写程序如下：

```
#include <stdio.h >
int main ()
  { void convert (int n);                //函数声明
    int number;
    printf ("input an integer: ");
    scanf ("%d",&number);
    printf ("output: ");
    if (number <0)
      {putchar (' - ');putchar (' ');   //先输出一个' - '号和空格
       number = - number;
      }
    convert (number);
    printf ("\n");
```

```
        return 0;
    }

void convert(int n)
    { int i;
    if ((i = n/10) != 0)          //"(i = n/10) == 0"是递归的回溯过程的终止条件
        convert(i);               //在调用 convert 函数过程中又调用 convert 函数
    putchar(n%10 + '0');
    putchar(32);
    }
```

运行结果：

① input an integer: 2345678↙
output: 2 3 4 5 6 7 8
② input an integer: -345↙
output: -3 4 5

程序分析：如果是负数，要先把它转换为正数，同时人为地输出一个' - '号。convert 函数只处理正数。假如 number 的值是 345，调用 convert 函数时把 345 传递给 n。执行函数体，n/10 的值（也是 i 的值）为 34，不等于 0。再调用 convert 函数，此时形参 n 的值为 34。再执行函数体，n/10 的值（也是 i 的值）为 3，不等于 0。再调用 convert 函数，此时形参 n 的值为 3。再执行函数体，n/10 的值（也是 i 的值）等于 0。不再调用 convert 函数，而执行 putchar(n%10 + '0')，此时 n 的值是 3，故 n%10 的值是 3(% 是求余运算符)，字符'0'的 ASCII 代码是 48，3 加 4 等于 51，51 是字符'3'的 ASCII 代码，因此 putchar(n%10 + '0') 输出字符'3'。接着 putchar(32) 输出一个空格，以使两个字符之间用空格分隔。

然后，流程返回到上一次调用 convert 函数处，应该接着执行 putchar(n%10 + '0')，注意此时的 n 是上一次调用 convert 函数时的 n，其值为 34，因此 n%10 的值为 4，再加'0'等于 52，52 是字符'4'的 ASCII 代码，因此 putchar(n%10 + '0') 输出字符'4'，接着 putchar(32) 输出一个空格。

流程又返回到上一次调用 convert 函数处，应该接着执行 putchar(n%10 + '0')，注意此时的 n 是第一次调用 convert 函数时的 n，其值为 345，因此 n%10 的值为 5，再加'0'等于 53，53 是字符'5'的 ASCII 代码，因此 putchar(n%10 + '0') 输出字符'5'，接着 putchar(32) 输出一个空格。

至此，对 convert 函数的递归调用结束，返回主函数，输出一个换行，程序结束。

putchar(n%10 + '0') 也可以改写为 putchar(n%10 + 48)，因为 48 是字符'0'的 ASCII 代码。

6.18 给出年、月、日，计算该日是该年的第几天。

解：解题思路：主函数接收从键盘输入的日期，并调用 sum_day 和 leap 函数计算天数。其 N-S 图见图 6-10。sum_day 计算输入日期的天数，leap 函数返回是否是闰年的信息。

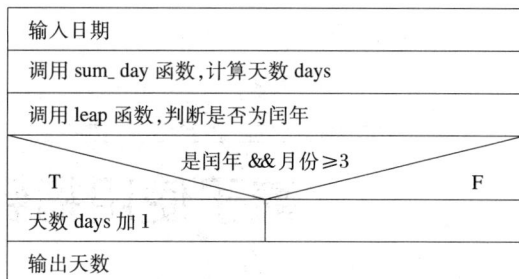

输入日期	
调用 sum_day 函数,计算天数 days	
调用 leap 函数,判断是否为闰年	
是闰年 && 月份≥3	
T　　　　　　　　　　　　　　　　　　　　F	
天数 days 加 1	
输出天数	

图 6-10

编写程序如下:

```c
#include<stdio.h>
int main()
  { int sum_day(int month,int day);          //函数声明
    int leap(int year);                       //函数声明
    int year,month,day,days;
    printf("input date(year,month,day):");
    scanf("%d,%d,%d",&year,&month,&day);
    printf("%d/%d/%d ",year,month,day);
    days=sum_day(month,day);                   //调用函数 sum_day
    if(leap(year)&&month>=3)                   //调用函数 leap
      days=days+1;
    printf("is the %dth day in this year. \n",days);
    return 0;
  }

int sum_day(int month,int day)                 //定义 sum_day 函数:计算日期
  { int day_tab[13]={0,31,28,31,30,31,30,31,31,30,31,30,31};
    int i;
    for (i=1;i<month;i++)
       day+=day_tab[i];                        //累加所在月之前天数
    return(day);
  }

int leap(int year)                             //定义函数 leap:判断是否为闰年
  { int leap;
    leap=year%4==0&&year%100!=0||year%400==0;
    return(leap);
  }
```

运行结果:

```
input date(year,month,day):2015,10,1↙
2015/10/1 is the 274th day in this year.
```

第7章

善于使用指针

本章习题均要求用指针方法处理。

7.1 输入 3 个整数,按由小到大的顺序输出。

解:编写程序如下:

```
#include<stdio.h>
int main()
  { void swap(int *p1,int *p2);
    int n1,n2,n3;
    int *p1,*p2,*p3;
    printf("input three integers n1,n2,n3:");
    scanf("%d,%d,%d",&n1,&n2,&n3);
    p1=&n1;
    p2=&n2;
    p3=&n3;
    if(n1>n2) swap(p1,p2);
    if(n1>n3) swap(p1,p3);
    if(n2>n3) swap(p2,p3);
    printf("Now,the order is:%d,%d,%d\n",n1,n2,n3);
    return 0;
  }

void swap(int *p1,int *p2)
  { int p;
    p=*p1; *p1=*p2; *p2=p;
  }

void swap(int *p1,int *p2)
  { int p;
    p=*p1; *p1=*p2; *p2=p;
  }
```

运行结果：

```
input three integers n1,n2,n3: 34,21,25↙
Now,the order is: 21,25,34
```

7.2　输入 3 个字符串,按由小到大的顺序输出。

解：编写程序如下：

```
#include<stdio.h>
#include<string.h>
int main()
  { void swap(char *,char *);
    char str1[30],str2[30],str3[30];
    printf("input three lines:\n");
    gets(str1);
    gets(str2);
    gets(str3);
    if(strcmp(str1,str2)>0)  swap(str1,str2);
    if(strcmp(str1,str3)>0)  swap(str1,str3);
    if(strcmp(str2,str3)>0)  swap(str2,str3);
    printf("Now,the order is:\n");
    printf("%s\n%s\n%s\n",str1,str2,str3);
    return 0;
  }

void swap(char *p1,char *p2)
{ char p[30];
  strcpy(p,p1);strcpy(p1,p2);strcpy(p2,p);
}
```

运行结果：

```
input three lines:
I study very hard.↙
C language is very interesting.↙
He is a professor.↙
Now,the order is:
C language is very interesting.
He is a professor.
I study very hard.
```

7.3　输入 10 个整数,将其中最小的数与第一个数对换,把最大的数与最后一个数对换。写 3 个函数：①输入 10 个数；②进行处理；③输出 10 个数。

解：编写程序如下：

```
#include<stdio.h>
int main()
  { void input(int *);                          //函数声明
```

```
            void max_min_value(int *);        //函数声明
            void output(int *);               //函数声明
            int number[10];
            input(number);                    //调用 input 函数,输入数据
            max_min_value(number);            //调用 max_min_value 函数,把最大和最小数交换
            output(number);
            return 0;
        }

    void input(int *number)                   //定义 input 函数
      { int i;
        printf("input 10 numbers:");
        for (i=0;i<10;i++)
          scanf("%d",&number[i]);
      }



    void max_min_value(int *number)  //定义交换函数
      { int *max,*min,*p,temp;
        max=min=number;                       //开始时使 max 和 min 都指向第一个数
        for (p=number+1;p<number+10;p++)
         if (*p<*min) min=p;                  //若 p 指向的数小于 min 指向的数,就使 min 指向
                                              //p 指向的小数
        temp=number[0];number[0]=*min;*min=temp;
                                              //将最小数与第一个数 number[0]交换
        for (p=number+1;p<number+10;p++)
         if (*p>*max) max=p;                  //若 p 指向的数大于 max 指向的数,就使 max 指向
                                              //p 指向的大数
        temp=number[9];number[9]=*max;*max=temp;  //将最大数与最后一个数交换
      }

    void output(int *number)
      { int *p;
        printf("Now,they are:    ");
        for (p=number;p<number+10;p++)
            printf("%d ",*p);
        printf("\n");
      }
```

　　程序分析: 关键是 max_min_value 函数,请认真分析此函数。形参 number 是指针,局部变量 max,min,p 都定义为指针变量,max 用来指向当前最大的数,min 用来指向当前最小的数。

　　number 是第一个数 number[0]的地址,开始时执行 max=min=number 的作用就是使 max 和 min 都指向第一个数 number[0]。以后使 p 先后指向 10 个数中的第 2 个数到第 10 个数。如果发现第 2 个数比第一个数 number[0]大,就使 max 指向这个大的数,而

min 仍指向第一个数。如果第 2 个数比第一个数 number[0]小,就使 min 指向这个小的数,而 max 仍指向第一个数。然后使 p 移动到指向第 3 个数,处理方法同前。直到 p 指向第 10 个数,并比较完毕为止。此时 max 指向 10 个数中的最大者,min 指向 10 个数中的最小者。假如原来 10 个数是

$$32 \quad 24 \quad 56 \quad 78 \quad 1 \quad 98 \quad 36 \quad 44 \quad 29 \quad 6$$

在经过比较和对换后,max 和 min 的指向为

$$32 \quad 24 \quad 56 \quad 78 \quad 1 \quad 98 \quad 36 \quad 44 \quad 29 \quad 6$$
$$\uparrow \quad \uparrow$$
$$\text{min} \quad \text{max}$$

此时,将最小数 1 与第一个数(即 number[0])32 交换,将最大数 98 与最后一个数 6 交换。因此应执行以下两行:

```
temp = number[0]; number[0] = *min; *min = temp;    //最小的数与第1个数
                                                    //number[0]交换
temp = number[9]; number[9] = *max; *max = temp;    //将最大数与最后一个数
                                                    //number[9]交换
```

最后将已改变的数组输出。
运行结果:

input 10 numbers: 32 24 56 78 1 98 36 44 29 6↙
Now,they are: 1 24 56 78 32 6 36 44 29 98

但是,有一种特殊的情况应当考虑:如果原来 10 个数中第 1 个数 number[0]最大,如:

$$98 \quad 24 \quad 56 \quad 78 \quad 1 \quad 32 \quad 36 \quad 44 \quad 29 \quad 6$$

在经过比较和对换后,max 和 min 的指向为

$$98 \quad 24 \quad 56 \quad 78 \quad 1 \quad 32 \quad 36 \quad 44 \quad 29 \quad 6$$
$$\uparrow \qquad\qquad\qquad \uparrow$$
$$\text{max} \qquad\qquad\qquad \text{min}$$

在执行完上面第 1 行"temp = number[0]; number[0] = *min; *min = temp;"后,最小数 1 与第 1 个数 number[0]对换,这个最大数就被调到后面去了(与最小的数对调)。

$$1 \quad 24 \quad 56 \quad 78 \quad 98 \quad 32 \quad 36 \quad 44 \quad 29 \quad 6$$
$$\uparrow \qquad\qquad\qquad \uparrow$$
$$\text{max} \qquad\qquad\qquad \text{min}$$

请注意:数组元素的值改变了,但是 max 和 min 的指向未变,max 仍指向 number[0]。此时如果接着执行下一行语句:

```
temp = number[9]; number[9] = *max; *max = temp;
```

就会出问题,因为此时 max 并不指向最大数,而指向的是第 1 个数,结果是将第 1 个数(最小的数已调到此处)与最后一个数 number[9]对调。结果就变成:

$$6 \quad 24 \quad 56 \quad 78 \quad 98 \quad 32 \quad 36 \quad 44 \quad 29 \quad 1$$

显然不对了。

为此,在以上两行中间加上一行:

```
if (max ==number)  max =min;
```

由于经过执行 "temp = number[0];number[0] = * min; * min = temp;"后,10 个数的排列为

$$1 \quad 24 \quad 56 \quad 78 \quad 98 \quad 32 \quad 36 \quad 44 \quad 29 \quad 6$$
$$\uparrow \qquad\qquad\qquad \uparrow$$
$$\text{max} \qquad\qquad\qquad \text{min}$$

max 指向第一个数,if 语句判别出 max 和 number 相等(即 max 和 number 都指向 number[0]),而实际上 max 此时指向的已非最大数了,就执行"max = min",使 max 也指向 min 当前的指向。而 min 原来是指向最小数的,刚才与 number[0]交换,而 number[0]原来是最大数,所以现在 min 指向的是最大数。执行 max = min 后 max 也指向这个最大数。

$$1 \quad 24 \quad 56 \quad 78 \quad 98 \quad 32 \quad 36 \quad 44 \quad 29 \quad 6$$
$$\uparrow$$
$$\text{min,max}$$

然后执行语句:

```
temp =number[9];number[9] = * max; * max =temp;
```

这就没问题了,实现了把最大数与最后一个数交换。

运行结果:

input 10 numbers: <u>98 24 56 78 1 32 36 44 29 6</u>↙
Now,they are: 1 24 56 78 32 6 36 44 29 98

读者可以将上面的"if (max = = number) max = min;"删去,再运行程序,输入以上数据,分析一下结果。

也可以采用另一种方法:先找出 10 个数中的最小数,把它和第一个数交换,然后再重新找 10 个数中的最大数,把它和最后一个数交换。这样就可以避免出现以上的问题。重写 void max_min_value 函数如下:

```
void max_min_value(int * number)         //交换函数
  { int * max, * min, * p,temp;
   max =min =number;                     //开始时使 max 和 min 都指向第一个数
   for (p =number +1;p < number +10;p ++)
     if (*p < * min) min =p;             //若 p 指向的数小于 min 指向的数,就使 min
                                         //指向 p 指向的小数
   temp =number[0];number[0] = * min; * min =temp;
                                         //将最小数与第一个数 number[0]交换
   for (p =number +1;p < number +10;p ++)
     if ( *p > * max) max =p;            //若 p 指向的数大于 max 指向的数,就使 max
                                         //指向 p 指向的大数
   temp =number[9];number[9] = * max; * max =temp; //将最大数与最后一个数交换
  }
```

这种思路容易理解。

这道题有些技巧,请读者仔细分析,学会分析程序运行时出现的各种情况,并善于根据情况予以妥善处理。

7.4 有 n 个整数,使前面各数顺序向后移 m 个位置,最后 m 个数变成最前面 m 个数,见图7-1。写一函数实现以上功能,在主函数中输入 n 个整数和输出调整后的 n 个数。

解:编写程序如下:

```c
#include<stdio.h>
int main()
  { void move(int [20],int,int);
    int number[20],n,m,i;
    printf("how many numbers?");    //问共有多少个数
    scanf("%d",&n);                    //输入 n 的值
    printf("input %d numbers:\n",n);    //提示输入 n 个数
    for (i=0;i<n;i++)                  //输入 n 个数
       scanf("%d",&number[i]);
    printf("how many places do you want to move?");
    scanf("%d",&m);
    move(number,n,m);                  //调用 move 函数
    printf("now,they are:\n");
    for (i=0;i<n;i++)
       printf("%d  ",number[i]);
    printf("\n");
    return 0;
  }
```

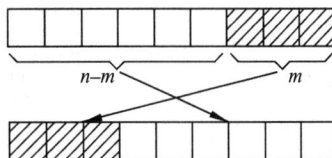

图 7-1

```c
void move(int array[20],int n,int m)     //实现循环后移的函数
  { int *p,array_end;
    array_end=*(array+n-1);
    for (p=array+n-1;p>array;p--)
       *p=*(p-1);
    *array=array_end;
    m--;
    if (m>0) move(array,n,m); //递归调用 move 函数,当循环次数 m 减至 0 时,结束调用
  }
```

运行结果:

```
how many numbers? 8↙
input 8 numbers:
12 43 65 67 8 2 7 11↙
how many places do you want to move? 4↙
now,they are:
2  7  11  12  43  65  67
```

7.5   有 n 个人围成一圈,顺序排号。从第 1 个人开始报数(从 1 到 3 报数),凡报到 3 的人退出圈子,问最后留下的是原来第几号的那位。

解：这是一个有趣的数学游戏,可以有不同的方法处理。下面用指针处理。N-S 图如图 7-2 所示。

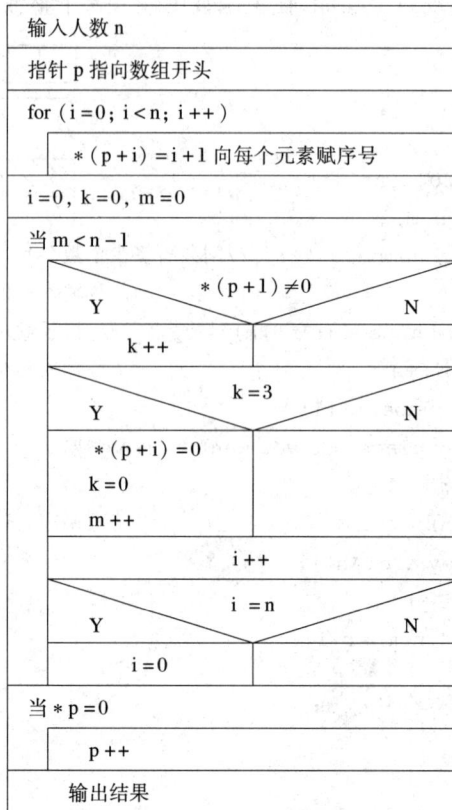

输入人数 n
指针 p 指向数组开头
for (i = 0; i < n; i ++)

（此处为 N-S 结构图，见图 7-2）

图   7-2

编写程序如下：

```c
#include<stdio.h>
int main()
  { int i,k,m,n,num[50],*p;
    printf("\ninput number of person: n=");
    scanf("%d",&n);
    p=num;
    for (i=0;i<n;i++)
      *(p+i)=i+1;       //以 1～n 为序给每个人编号
    i=0;                //i 为每次循环时计数变量
    k=0;                //k 为按 1,2,3 报数时的计数变量
    m=0;                //m 为退出人数
    while (m<n-1)       //当退出人数比 n-1 少时(即未退出人数大于 1 时)执行循环体
    { if (*(p+i)!=0)  k++;
```

```
        if (k==3)
         { * (p + i) = 0;        //对退出的人的编号置为 0
          k = 0;
          m + + ;
          }
         i + + ;
         if (i==n) i = 0;      //报数到尾后,i 恢复为 0
      }
    while ( * p ==0) p + +;
    printf("The last one is No.%d \n", * p);
    return 0;
  }
```

运行结果:

input number of person: n = 8✓
The last one is No.7   (最后留在圈子内的是 7 号)

7.6 写一函数,求一个字符串的长度。在 main 函数中输入字符串,并输出其长度。

解: 编写程序如下:

```
#include < stdio.h >
int main ()
  { int length (char * p);
    int len;
    char str[20];
    printf("input string:  ");
    scanf("%s",str);
    len = length (str);
    printf("The length of string is %d. \n",len);
    return 0;
  }
```

```
int length (char * p)      //求字符串长度函数
  { int n;
    n = 0;
    while ( * p! = '\0')
    { n + + ;
      p + + ;
    }
    return (n);
  }
```

运行结果:

input string: China✓
The length of string is 5.

7.7 有一字符串，包含 n 个字符。写一函数，将此字符串中从第 m 个字符开始的全部字符复制成为另一个字符串。

解：编写程序如下：

```
#include<stdio.h>
#include<string.h>
int main()
  { void copystr(char *,char *,int);
    int m,len;
    char str1[20],str2[20];
    printf("input string:");
    gets(str1);
    printf("which character that begin to copy?");
    scanf("%d",&m);
    len=strlen(str1);                //len 为字符串 str1 的长度
    if (m>len)                        //如果输入的 m 值大于字符串的长度,出错
      printf("input error!");
    else
      { copystr(str1,str2,m);
        printf("result:%s\n",str2);
      }
    return 0;
  }


void copystr(char *p1,char *p2,int m)   //字符串部分复制函数
  { int n;
    n=0;
    while (n<m-1)
    { n++;
      p1++;
    }
    while (*p1!='\0')
    { *p2=*p1;
      p1++;
      p2++;
    }
    *p2='\0';
  }
```

运行结果：

```
input string: reading_room↙
which character that begin to copy? 9↙
result: room
```

7.8 输入一行文字，找出其中大写字母、小写字母、空格、数字以及其他字符各有

多少。

解：编写程序如下：

```c
#include <stdio.h>
int main()
  { int upper = 0, lower = 0, digit = 0, space = 0, other = 0, i = 0;
    char *p, s[20];
    printf("input string:  ");
    while ((s[i] = getchar()) != '\n') i++;
    p = &s[0];
    while (*p != '\n')
    { if (('A' <= *p) && (*p <= 'Z'))
        ++upper;
      else if (('a' <= *p) && (*p <= 'z'))
        ++lower;
      else if (*p == ' ')
        ++space;
      else if ((*p <= '9') && (*p >= '0'))
        ++digit;
      else
        ++other;
      p++;
    }
    printf("upper case:%d   lower case:%d", upper, lower);
    printf("  space:%d  digit:%d   other:%d\n", space, digit, other);
    return 0;
  }
```

运行结果：

```
input string: Today is 2015/1/1↙
upper case: 1   lower case: 6   space: 2   digit: 6   other: 2
```

7.9　请改写教材第 7 章例 7.7 的程序，将数组 a 中 n 个整数按相反顺序存放。要求用指针变量作为函数的实参。

解：编写程序如下：

```c
#include <stdio.h>
int main()
  { void inv(int *x, int n);
    int i, arr[10], *p = arr;
    printf("The original array:\n");
    for(i = 0; i < 10; i++, p++)
      scanf("%d", p);
    printf("\n");
    p = arr;
    inv(p, 10);                    //实参为指针变量
```

```
        printf("The array has been inverted: \n");
        for(p=arr;p<arr+10;p++)
          printf("%d ",*p);
        printf("\n");
        return 0;
    }

    void inv(int *x, int n)
      { int *p,m,temp,*i,*j;
        m=(n-1)/2;
        i=x;j=x+n-1;p=x+m;
        for(;i<=p;i++,j--)
          {temp=*i; *i=*j; *j=temp;}
        return;
    }
```

注意，上面的 main 函数中的指针变量 p 是有确定值的。如果在 main 函数中不设数组，只设指针变量，就会出错，假如把主函数修改如下：

```
    int main()
      { void inv(int *x, int n);
        int i,*arr;
        printf("The original array: \n");
        for(i=0;i<10;i++)
          scanf("%d",arr+i);
        printf("\n");
          return 0;
    }
        inv(arr,10);                    //实参为指针变量,但未赋值
        printf("The array has been inverted: \n");
        for(p=arr;i<10;i++)
          printf("%d ",*(arr+i));
        printf("\n");
        return 0;
    }
```

编译时会出错，原因是指针变量 arr 没有确定值，谈不上指向哪个变量。下面的使用是不正确的：

```
    void main()                   f(x[],int n)
    { int *p;                     {
      f(p,10);                        ⋮
        ⋮                         }
    }
```

应注意：如果用指针变量作实参，必须先使指针变量有确定值，指向一个已定义的对象。

7.10　写一函数，将一个 3×3 的整型二维数组转置，即行列互换。

解：编写程序如下：

```
#include<stdio.h>
int main()
  { void move(int *pointer);
    int a[3][3],*p,i;
    printf("input matrix:\n");
    for (i=0;i<3;i++)
      scanf("%d %d %d",&a[i][0],&a[i][1],&a[i][2]);
    p=&a[0][0];
    move(p);
    printf("Now,matrix:\n");
    for (i=0;i<3;i++)
      printf("%d %d %d\n",a[i][0],a[i][1],a[i][2]);
    return 0;
  }

void move(int *pointer)
  { int i,j,t;
    for (i=0;i<3;i++)
     for (j=i;j<3;j++)
       { t=*(pointer+3*i+j);
         *(pointer+3*i+j)=*(pointer+3*j+i);
         *(pointer+3*j+i)=t;
       }
  }
```

运行结果：

```
input matrix:
1 2 3↙
4 5 6↙
7 8 9↙
Now,matrix:
1 4 7
2 5 8
3 6 9
```

👉 说明：a 是二维数组，p 和形参 pointer 是指向整型数据的指针变量，p 指向数组 0 行 0 列元素 a[0][0]。在调用 move 函数时，将实参 p 的值 &a[0][0] 传递给形参 pointer，在 move 函数中将 a[i][j] 与 a[j][i] 的值互换。由于 a 数组的大小是 3×3，而数组元素是按行排列的，因此 a[i][j] 在 a 数组中是第(3×i+j)个元素，例如，a[2][1] 是数组中第(3×2+1)个元素，即第 7 个元素(序号从 0 算起)。a[i][j] 的地址是(pointer+3*i+j)，同理，a[j][i] 的地址是(pointer+3*j+i)。将 *(pointer+3*i+j) 和 *(pointer+3*j+i) 互换，就是将 a[i][j] 和 a[j][i] 互换。

7.11 将一个 5×5 的矩阵(二维数组)中最大的元素放在中心，4 个角分别放 4 个最小的元素(顺序为从左到右,从上到下,依次从小到大存放),写一函数实现。用 main 函数调用。

解:方法一:

编写程序如下:

```
#include<stdio.h>
int main()
  { void change(int *p);              //函数声明
    int a[5][5],*p,i,j;
    printf("input matrix:\n");        //提示输入二维数组各元素
    for (i=0;i<5;i++)
      for (j=0;j<5;j++)
        scanf("%d",&a[i][j]);
    p=&a[0][0];                       //使 p 指向 0 行 0 列元素
    change(p);                        //调用 change 函数,实现交换
    printf("Now,matrix:\n");
    for (i=0;i<5;i++)                 //输出已交换的二维数组
    { for (j=0;j<5;j++)
        printf("%d ",a[i][j]);
      printf("\n");
    }
    return 0;
  }


void change(int *p)                   //交换函数
  { int i,j,temp;
    int *pmax,*pmin;
    pmax=p;
    pmin=p;
    for (i=0;i<5;i++)                 //找最大值和最小值的地址,并赋给 pmax,pmin
      for (j=i;j<5;j++)
      { if (*pmax<*(p+5*i+j)) pmax=p+5*i+j;
        if (*pmin>*(p+5*i+j)) pmin=p+5*i+j;
      }
    temp=*(p+12);                     //将最大值换给中心元素
    *(p+12)=*pmax;
    *pmax=temp;
    temp=*p;                          //将最小值换给左上角元素
    *p=*pmin;
    *pmin=temp;
    pmin=p+1;
    for (i=0;i<5;i++)                 //找第二最小值的地址赋给 pmin
      for (j=0;j<5;j++)
        if (((p+5*i+j)!=p) && (*pmin>*(p+5*i+j))) pmin=p+5*i+j;
    temp=*pmin;                       //将第二最小值换给右上角元素
```

```
    * pmin = * (p + 4);
    * (p + 4) = temp;
    pmin = p + 1;
    for (i = 0; i < 5; i ++)                    //找第三最小值的地址赋给 pmin
      for (j = 0; j < 5; j ++)
        if (((p + 5 * i + j) ! = (p + 4)) && ((p + 5 * i + j) ! = p) && ( * pmin > * (p + 5 * i
            + j))) pmin = p + 5 * i + j;
    temp = * pmin;                              //将第三最小值换给左下角元素
    * pmin = * (p + 20);
    * (p + 20) = temp;
    pmin = p + 1;
    for (i = 0; i < 5; i ++)                    //找第四最小值的地址赋给 pmin
      for (j = 0; j < 5; j ++)
        if (((p + 5 * i + j) ! = p) && ((p + 5 * i + j) ! = (p + 4)) && ((p + 5 * i + j) ! =
            (p + 20)) && ( * pmin > * (p + 5 * i + j)))  pmin = p + 5 * i + j;
    temp = * pmin;                              //将第四最小值换给右下角元素
    * pmin = * (p + 24);
    * (p + 24) = temp;
}
```

运行结果：

```
input matrix:
35 34 33 32 31 ↙
30 29 28 27 26 ↙
25 24 23 22 21 ↙
20 19 18 17 16 ↙
15 14 13 12 11 ↙
Now, matrix:
11 34 33 32 12
30 29 28 27 26
25 24 35 22 21
20 19 18 17 16
13 23 15 31 14
```

程序分析：程序中用 change 函数来实现题目所要求的元素值的交换,分为以下几个步骤。

① 找出全部元素中的最大值和最小值,将最大值与中心元素互换,将最小值与左上角元素互换。中心元素的地址为 p + 12(该元素是数组中的第 12 个元素,序号从 0 算起)。

② 找出全部元素中的次小值。由于最小值已找到并放在 a[0][0] 中,因此,在这一轮的比较中应不包括 a[0][0],在其余 24 个元素中值最小的就是全部元素中的次小值。在双重 for 循环中应排除 a[0][0] 参加比较。在 if 语句中,只有满足条件(((p + 5 * i + j) ! = p)才进行比较。不难理解,(p + 5 * i + j) 就是 &a[i][j],p 的值是 &a[0][0]。((p + 5 * i + j) ! = p) 意味着在 i 和 j 的当前值条件下 &a[i][j] 不等于 &a[0][0] 才满

足条件,这样就排除了 a[0][0]。因此执行双重 for 循环后得到次小值,并将它与右上角元素互换。右上角元素的地址为 p+4。

③ 找出全部元素中第三最小值。此时 a[0][0] 和 a[0][4]（即左上角和右上角元素）不应参加比较。可以看到:在 if 语句中规定,只有满足条件 ((p+5*i+j)!=p)&&((p+5*i+j)!=(p+4)) 才进行比较。((p+5*i+j)!=p) 的作用是排除 a[0][0],((p+5*i+j)!=(p+4)) 的作用是排除 a[0][4]。(p+5*i+j) 是 &a[i][j],(p+4) 是 &a[0][4],即右上角元素的地址。满足 ((p+5*i+j)!=(p+4)) 条件意味着排除了 a[0][4]。执行双重 for 循环后得到除了 a[0][0] 和 a[0][4] 外的最小值,也就是全部元素中第三最小值,将它与左下角元素互换。左下角元素的地址为 p+20。

④ 找出全部元素中第四最小值。此时 a[0][0]、a[0][4] 和 a[4][0]（即左上角、右上角和左下角元素）不应参加比较,在 if 语句中规定,只有满足条件 ((p+5*i+j)!=p)&&((p+5*i+j)!=(p+4))&&((p+5*i+j)!=(p+20)) 才进行比较。((p+5*i+j)!=p) 和 ((p+5*i+j)!=(p+4)) 的作用前已说明,((p+5*i+j)!=(p+20)) 的作用是排除 a[4][0],理由与前面介绍的类似。执行双重 for 循环后得到除了 a[0][0]、a[0][4] 和 a[4][0] 以外的最小值,也就是全部元素中第四最小值,将它与右下角元素互换。左下角元素的地址为 p+24。

上面所说的元素地址是指以元素为单位的地址,p+24 表示从指针 p 当前位置向前移动 24 个元素的位置。如果用字节地址表示,上面右下角元素的字节地址应为 p+4*24,其中 4 是整型数据所占的字节数。

方法二:可以改写上面的 if 语句,change 函数可以改写如下:

```
void change(int *p)          //交换函数
  { int i,j,temp;
    int *pmax,*pmin;
    pmax=p;
    pmin=p;
    for (i=0;i<5;i++)    //找最大值和最小值的地址,并赋给 pmax,pmin
      for (j=i;j<5;j++)
      {if (*pmax<*(p+5*i+j)) pmax=p+5*i+j;
       if (*pmin>*(p+5*i+j)) pmin=p+5*i+j;
      }
    temp=*(p+12);         //将最大值与中心元素互换
    *(p+12)=*pmax;
    *pmax=temp;
    temp=*p;             //将最小值与左上角元素互换
    *p=*pmin;
    *pmin=temp;
    pmin=p+1;            //将 a[0][1] 的地址赋给 pmin,从该位置开始找最小的元素
    for (i=0;i<5;i++)    //找第二最小值的地址赋给 pmin
      for (j=0;j<5;j++)
      {if(i==0 && j==0) continue;
```

```
          if  (*pmin>*(p+5*i+j)) pmin=p+5*i+j;
        }
      temp=*pmin;                    //将第二最小值与右上角元素互换
      *pmin=*(p+4);
      *(p+4)=temp;

      pmin=p+1;
      for (i=0;i<5;i++)              //找第三最小值的地址赋给 pmin
        for (j=0;j<5;j++)
          {if((i==0  && j==0)‖(i==0  && j==4)) continue;
           if(*pmin>*(p+5*i+j)) pmin=p+5*i+j;
          }
      temp=*pmin;                    //将第三最小值与左下角元素互换
      *pmin=*(p+20);
      *(p+20)=temp;

      pmin=p+1;
      for (i=0;i<5;i++)              //找第四最小值的地址赋给 pmin
        for (j=0;j<5;j++)
          {if ((i==0  && j==0)‖(i==0  && j==4)‖(i==4  && j==0)) continue;
           if (*pmin>*(p+5*i+j)) pmin=p+5*i+j;
          }
      temp=*pmin;                    //将第四最小值与右下角元素互换
      *pmin=*(p+24);
      *(p+24)=temp;
    }
```

这种写法可能更容易为一般读者所理解。

7.12　在主函数中输入 10 个等长的字符串,用另一函数对它们排序,然后在主函数输出这 10 个已排好序的字符串。

解:方法一:用字符型二维数组。

编写程序如下:

```
#include<stdio.h>
#include<string.h>
int main()
  { void sort(char s[][6]);
    int i;
    char str[10][6];              //p 是指向由 6 个元素组成的一维数组的指针
    printf("input 10 strings:\n");
    for (i=0;i<10;i++)
      scanf("%s",str[i]);
    sort(str);
    printf("Now,the sequence is:\n");
    for (i=0;i<10;i++)
```

```
        printf("%s\n",str[i]);
    return 0;
  }

void sort(char s[10][6])            //形参 s 是指向由 6 个元素组成的一维数组的指针
  { int i,j;
    char *p,temp[10];
    p = temp;
    for (i = 0;i < 9;i ++)
      for (j = 0;j < 9 - i;j ++)
        if (strcmp(s[j],s[j +1]) > 0)
        //以下 3 行是将 s[j]指向的一维数组的内容与 s[j +1]指向的一维数组的内容互换
        { strcpy(p,s[j]);
          strcpy(s[j],s[ +j +1]);
          strcpy(s[j +1],p);
        }
  }
```

运行结果：

```
input 10 strings:
China ↙
Japan ↙
Korea ↙
Egypt ↙
Nepal ↙
Burma ↙
Ghana ↙
Sudan ↙
Italy ↙
Libya ↙
Now,the sequence is:
Burma
China
Egypt
Ghana
Italy
Japan
Korea
Libya
Nepal
Sudan
```

方法二：用指向一维数组的指针作函数参数。关于指向一维数组的指针作函数参数的内容，教材未作详细介绍。本程序可供学习深入者参考。

编写程序如下：

```
#include < stdio.h >
#include < string.h >
int main()
  { void sort(char ( * p)[6]);
    int i;
    char str[10][6];
    char ( * p)[6];
    printf("input 10 strings:\n");
    for (i =0;i <10;i ++)
      scanf("%s",str[i]);
    p =str;
    sort(p);
    printf("Now,the sequence is:\n");
    for (i =0;i <10;i ++)
      printf("%s\n",str[i]);
    return 0;
  }

void sort(char ( * s)[6])
  { int i,j;
    char temp[6], * t =temp;
    for (i =0;i <9;i ++)
      for (j =0;j <9 -i;j ++)
       if (strcmp(s[j],s[j +1]) >0)
        { strcpy(t,s[j]);
            strcpy(s[j],s[ +j +1]);
            strcpy(s[j +1],t);
        }
  }
```

7.13 用指针数组处理上一题目,字符串不等长(主函数中输入 10 个等长的字符串。用另一函数对它们排序。然后在主函数输出这 10 个已排好序的字符串)。

解:编写程序如下:

```
#include < stdio.h >
#include < string.h >
int main()
  { void sort(char * []);
    int i;
    char *p[10],str[10][20];
    for (i =0;i <10;i ++)
      p[i] =str[i];          //将第 i 个字符串的首地址赋予指针数组 p 的第 i 个元素
    printf("input 10 strings:\n");
    for (i =0;i <10;i ++)
      scanf("%s",p[i]);
    sort(p);
```

```
        printf("Now,the sequence is:\n");
        for (i =0;i <10;i ++)
          printf("%s\n",p[i]);
        return 0;
      }


    void sort(char * s[])
      { int i,j;
        char * temp;
        for (i =0;i <9;i ++)
          for (j =0;j <9 - i;j ++)
            if (strcmp(* (s +j), * (s +j +1)) >0)
              { temp = * (s +j);
                * (s +j) = * (s +j +1);
                * (s +j +1) =temp;
              }
      }
```

运行结果：

```
input 10 strings:
China ↙
Japan ↙
Yemen ↙
Pakistan ↙
Mexico ↙
Korea ↙
Brazil ↙
Iceland ↙
Canada ↙
Mongolia ↙
Now,the sequence is:
Brazil
Canada
China
Iceland
Japan
Korea
Mexico
Mongolia
Pakistan
Yemen
```

7.14 将 n 个数按输入时顺序的逆序排列，用函数实现。

解： 编写程序如下：

```
#include <stdio.h >
```

```
int main()
  { void reverse(char *p,int m);
    int i,n;
    char *p,num[20];
    printf("input n:");
    scanf("%d",&n);
    printf("please input these numbers:\n");
    for (i=0;i<n;i++)
      scanf("%d",&num[i]);
    p=&num[0];
    reverse(p,n);
    printf("Now,the sequence is:\n");
    for (i=0;i<n;i++)
      printf("%d ",num[i]);
    printf("\n");
    return 0;
  }

void reverse(char *p,int m)
  { int i;
    char temp, *p1, *p2;
    for (i=0;i<m/2;i++)
    { p1=p+i;
      p2=p+(m-1-i);
      temp=*p1;
      *p1=*p2;
      *p2=temp;
    }
  }
```

运行结果:

input n: 10 ↙
please input these numbers:
10 9 8 7 6 5 4 3 2 1 ↙
Now,the sequence is:
1 2 3 4 5 6 7 8 9 10

7.15 输入一个字符串,内有数字和非数字字符,例如:

a123×456 17960? 302tab5876

将其中连续的数字作为一个整数,依次存放到数组 a 中。例如,123 放在 a[0],456 放在 a[1]……统计共有多少个整数,并输出这些数。

解:编写程序如下:

```
#include<stdio.h>
int main()
```

```
{
    char str[50], *pstr;
    int i,j,k,m,e10,digit,ndigit,a[10], *pa;
    printf("input a string:\n");
    gets(str);
    pstr = &str[0];                        //字符指针 pstr 的值是数组 str 的首地址
    pa = &a[0];                            //指针 pa 的值是 a 数组首地址
    ndigit = 0;                            //ndigit 代表有多少个整数
    i = 0;                                 //i 代表字符串中的第几个字符
    j = 0;
    while(* (pstr + i)! = '\0')
      {if((* (pstr + i) >= '0') && (* (pstr + i) <= '9'))
        j ++;
      else
        {if (j > 0)
          {digit = * (pstr + i - 1) - 48;//将个数位赋予 digit
          k = 1;
          while (k < j)                  //将含有两位以上数的其他位的数值累计于 digit
            { e10 = 1;
            for (m = 1;m <= k;m ++)
            e10 = e10 * 10;              //e10 代表该位数所应乘的因子
            digit = digit + (* (pstr + i - 1 - k) - 48) * e10;
                                          //将该位数的数值累加于 digit
            k ++;                         //位数 K 自增
            }
          *pa = digit;                    //将数值赋予数组 a
          ndigit ++;
          pa ++;                          //指针 pa 指向 a 数组下一元素
          j = 0;
          }
        }
      i ++;
      }
    if (j > 0)                            //以数字结尾字符串的最后一个数据
      {digit = * (pstr + i - 1) - 48;     //将个数位赋予 digit
      k = 1;
      while (k < j)                      //将含有两位以上数的其他位的数值累加于 digit
        {e10 = 1;
        for (m = 1;m <= k;m ++)
          e10 = e10 * 10;                //e10 代表位数所应乘的因子 */
        digit = digit + (* (pstr + i - 1 - k) - 48) * e10; //将该位数的数值累加于 digit
        k ++;                            //位数 K 自增
        }
      *pa = digit;                        //将数值赋予数组 a
      ndigit ++;
```

```
            j = 0;
        }
    printf("There are %d numbers in this line, they are:\n",ndigit);
    j = 0;
    pa = &a[0];
    for (j = 0;j < ndigit;j ++)        //输出数据
        printf("%d ",*(pa + j));
    printf("\n");
    return 0;
}
```

运行结果:

```
input a string:
a123×456 7689 +89 =321/ab23↙
There are 6 numbers in this line. They are:
123 456 7689 89 321 23
```

7.16　编写程序,输入月份号,输出该月的英文月名。例如,输入"3",则输出"March",要求用指针数组处理。

解: 编写程序如下:

```
#include < stdio.h >
int main()
    { char * month_name[13] = {"illegal month","January","February","March",
    "April", " May"," June"," July"," August"," September"," October ",
    "November","December"};
    int n;
    printf("input month:\n");
    scanf("%d",&n);
    if ((n <=12) && (n >=1))
        printf("It is %s.\n",*(month_name + n));
    else
        printf("It is wrong.\n");
    return 0;
    }
```

运行结果:

```
① input month: 2↙
    It is February.
② input month: 8↙
    It is August.
③ input month: 13↙
    It is wrong.
```

7.17　如果指针变量 p 指向 a 数组的首元素(即 p = a)。请分析以下各项的含义。

（1）p ++；∗p；

（2）∗p ++

（3）∗(p ++)与 ∗(++p)作用是否相同?

（4）++(∗p)

（5）如果 p 当前指向 a 数组中第 i 个元素,分析以下表达式的含义。

① ∗(p --)

② ∗(++p)

③ ∗(--p)

解:

（1）p ++；∗p；

p ++使 p 指向下一个元素 a[1]。然后若再执行 ∗p,则得到下一个元素 a[1]的值。

（2）∗p ++

由于 ++和 ∗同优先级,结合方向为自右而左,因此它等价于 ∗(p ++)。作用是先引用 p 的值,实现 ∗p 的运算,然后再使 p 自增1。

例7.6 最后一个程序中最后一个 for 语句

```
for(i =0;i <10;i ++,p ++)
      printf("%d",*p);
```

可以改写为

```
for(i =0;i <10;i ++)
      printf("%d",*p++);
```

作用完全一样。它们的作用都是先输出 ∗p 的值,然后使 p 值加1。这样下一次循环时, ∗p 就是下一个元素的值。

（3）∗(p ++)与 ∗(++p)作用是否相同?

前者是先取 ∗p 值,然后使 p 加1。后者是先使 p 加1! 取 ∗p。若 p 初值为 a(即 &a[0]),则 ∗(p ++)为 a[0],而 ∗(++p)为 a[1]。

（4）++(∗p)

表示 p 所指向的元素值加1,如果 p =a, 则 ++(∗p)相当于 ++a[0],若 a[0] =3, 则 ++(∗p)(即 ++a[0])的值为4。注意: 是元素值加1,而不是指针值加1。

（5）如果 p 当前指向 q 数组中第 i 个元素,分析以下表达式的含义。

① ∗(p --)

相当于 a[i --],先对 p 进行"∗"运算,再使 p 自减。

② ∗(++p)

相当于 a[++i],先使 p 自加,再作 ∗运算。

③ ∗(--p)

相当于 a[--i],先使 p 自减,再作 ∗运算。

将 ++和 --运算符用于指针变量十分有效,可以使指针变量自动向前或向后移动,指向下一个或上一个数组元素。例如,想输出 a 数组的100个元素,可以用下面的方法:

```
p = a;
  while(p < a +100)
    printf("%d", * p ++);
```

或

```
p = a;
  while(p < a +100)
    {printf("%d", * p); p ++;}
```

但如果不小心,很容易弄错。因此在用 * p ++ 形式的运算时,一定要十分小心,弄清楚先取 p 值还是先使 p 加 1。初学者不建议多用,但应当知道有关的知识。

第 8 章

根据需要创建数据类型

本章的重点是结构体类型数据,在管理领域(例如学生数据管理、员工数据管理、物资数据管理等)中常常需要根据实际情况,自己定义结构体类型数据。希望读者熟悉它的用法。

结构体类型数据的一个重要用途是处理链表。在《C 程序设计教程(第 3 版)》中介绍了有关链表的初步知识。基础较好的读者可在此基础上进一步学习处理链表的方法。本章习题 8.9 至习题 8.14 介绍了有关程序的算法和编程方法,作为教材的补充,希望有基础的读者能看懂它们。

8.1 定义一个结构体变量(包括年、月、日)。计算该日在本年中是第几天,注意闰年问题。

解:解题思路:正常年份每个月中的天数是已知的,只要给出日期,算出该日在本年中是第几天是不困难的。如果是闰年且月份在 3 月或 3 月以后时,应再增加一天。闰年的规则是:年份能被 4 和 400 整除但不能被 100 整除,如 2000 年,2004 年和 2008 年是闰年,2100 年和 2005 年不是闰年。

方法一:编写程序如下:

```c
#include<stdio.h>
struct
  { int year;
    int month;
    int day;
  }date;                    //结构体变量 date 中的成员对应于输入的年、月、日
int main()
  { int days;               //days 为天数
    printf("input year,month,day:");
    scanf("%d,%d,%d",&date.year,&date.month,&date.day);
    switch(date.month)
    { case 1: days=date.day;    break;
      case 2: days=date.day+31; break;
      case 3: days=date.day+59; break;
      case 4: days=date.day+90; break;
```

```
        case 5: days =date.day +120; break;
        case 6: days =date.day +151; break;
        case 7: days =date.day +181; break;
        case 8: days =date.day +212; break;
        case 9: days =date.day +243; break;
        case 10: days =date.day +273; break;
        case 11: days =date.day +304; break;
        case 12: days =date.day +334; break;
    }
    if ((date.year %4 ==0 && date.year%100 ! =0
        || date.year%400 ==0) && date.month >=3)   days + =1;
    printf("%d/%d is the %dth day in %d. \n",date.month,date.day,days,date
            .year);
    return 0;
}
```

运行结果：

```
input year,month,day: 2016,10,1↙
10/1 is the 275th day in 2016.
```

方法二：

```c
#include<stdio.h>
struct
  { int year;
    int month;
    int day;
  }date;
int main()
  { int i,days;
    int day_tab[13] ={0,31,28,31,30,31,30,31,31,30,31,30,31};
    printf("input year,month,day:");
    scanf("%d,%d,%d",&date. year,&date.month,&date.day);
    days =0;
    for(i =1;i <date.month;i ++)
      days =days +day_tab[i];
    days =days +date.day;
    if((date.year%4 ==0 && date.year%100! =0
        || date.year%400 ==0) && date.month >=3)
      days =days +1;
    printf("%d/%d is the %dth day in %d. \n",date.month,date.day,days,date
            .year);
    return 0;
  }
```

运行结果：

```
input year,month,day: 2016,5,1 ↙
5/1 is the 122th day in 2016.
```

8.2   写一个函数 days，实现题 8.1 的计算。由主函数将年、月、日传递给 days 函数，计算后将日子数传回主函数输出。

解：函数 days 的程序结构与题 8.1 基本相同。

方法一：编写程序如下：

```
#include<stdio.h>
struct y_m_d
  { int year;
    int month;
     int day;
  }date;
int main()
  { int   days(struct y_m_d date1);
    printf("input year,month,day:");
    scanf("%d,%d,%d",&date.year,&date.month,&date.day);
    printf("%d/%d is the %dth day in %d. \n",date.month,date.day,days
           (date),date.year);
    return 0;
  }

int   days(struct y_m_d date1)          //形参 date1 是 struct y_m_d 类型
  { int sum;
    switch(date1.month)
     {case 1: sum=date1.day; break;
      case 2: sum=date1.day+31; break;
      case 3: sum=date1.day+59; break;
      case 4: sum=date1.day+90; break;
      case 5: sum=date1.day+120; break;
      case 6: sum=date1.day+151; break;
      case 7: sum=date1.day+181; break;
      case 8: sum=date1.day+212; break;
      case 9: sum=date1.day+243; break;
      case 10: sum=date1.day+273; break;
      case 11: sum=date1.day+304; break;
      case 12: sum=date1.day+334; break;
     }
    if ((date1.year%4==0 && date1.year%100!=0
         ‖ date1.year%400==0) && date1.month>=3)
      sum+=1;
    return(sum);
  }
```

运行结果:

```
input year,month,day: 2014,12,25 ↙
12/25 is the 359th day in 2014.
```

在本程序中,days 函数的参数为结构体 struct y_m_d 类型,在主函数的第 2 个 printf 语句的输出项中有一项为 days(date),调用 days 函数,实参为结构体变量 date。通过虚实结合,将实参 date 中各成员的值传递给形参 date1 中各相应成员。在 days 函数中检验其中 month 的值,根据它的值计算出天数 sum,将 sum 的值返回主函数输出。

方法二:

```c
#include < stdio.h >
struct y_m_d
    {int year;
     int month;
     int day;
    } date;
int main()
  { int days(int year,int month,int day);
    int days(int,int,int);
    int day_sum;
    printf("input year,month,day:");
    scanf("%d,%d,%d",&date.year,&date.month,&date.day);
    day_sum =days(date.year,date.month,date.day);
    printf("%d/%d is the %dth day in %d. \n",date.month,date.day,day_sum,
            date.year);
    return 0;
  }


int days(int year,int month,int day)
  { int day_sum,i;
    int day_tab[13] ={0,31,28,31,30,31,30,31,31,30,31,30,31};
    day_sum =0;
    for (i =1;i <month;i ++)
      day_sum + =day_tab[i];
    day_sum + =day;
    if ((year%4 ==0 && year%100 !=0 || year%4 ==0) && month >=3)
        day_sum + =1;
    return(day_sum);
  }
```

运行结果:

```
input year,month,day: 2100,8,15 ↙
8/15 is the 228th day in 2100.
```

在本程序中,days 函数的参数为结构体变量的成员 year,month,day,而不是整个结构体变量。

可以看到,在定义了结构体变量后,在使用时有不同的方法。

8.3　编写一个 print 函数,打印一个学生的成绩数组,该数组中有 5 个学生的数据记录,每个记录包括 num,name,score[3],用主函数输入这些记录,用 print 函数输出这些记录。

解:编写程序如下:

```
#include<stdio.h>
#define N 5
struct student
  { char num[6];
    char name[8];
    int score[4];
  }stu[N];

int main()
  { void print(struct student stu[6]);
    int i,j;
    for (i=0;i<N;i++)
      {printf("\ninput score of student %d:\n",i+1);
       printf("NO.: ");
       scanf("%s",stu[i].num);
       printf("name: ");
       scanf("%s",stu[i].name);
       for (j=0;j<3;j++)
       {printf("score %d:",j+1);
         scanf("%d",&stu[i].score[j]);
       }
     printf("\n");
    }
    print(stu);
    return 0;
  }

void print(struct student stu[6])
  { int i,j;
    printf("\n  NO.    name    score1   score2   score3\n");
    for (i=0;i<N;i++)
     {printf("%5s%10s",stu[i].num,stu[i].name);
      for (j=0;j<3;j++)
        printf("%9d",stu[i].score[j]);
      printf("\n");
     }
  }
```

运行结果：

```
input score of student 1:
No.: 101↙
name: Li↙
score 1:  90↙
score 2:  79↙
score 3:  89↙

input score of student 2:
No.: 102↙
name: Ma↙
score 1:  97↙
score 2:  90↙
score 3:  68↙

input score of student 3:
No.: 103↙
name: Wang↙
score 1:  77↙
score 2:  70↙
score 3:  78↙

input score of student 4:
No.:104↙
name: Fun↙
score 1:  67↙
score 2:  89↙
score 3:  56↙

input score of student 5:
No.: 105↙
name: Xue↙
score 1:  87↙
score 2:  65↙
score 3:  69↙
```

No.	name	score1	score2	score3
101	Li	90	79	89
102	Ma	97	90	68
103	Wang	77	70	78
104	Fun	67	89	56
105	Xue	87	65	69

8.4 在题 8.3 的基础上，编写一个函数 input，用来输入 5 个学生的数据记录。

解：input 函数的程序结构类似于题 8.3 中主函数的相应部分。

写出 input 函数如下：

```
struct student
  { char num[6];
    char name[8];
    int score[4];
  } stu[N];

void input(struct student stu[])
  { int i,j;
    for (i=0;i<N;i++)
    { printf("input scores of student %d:\n",i+1);
      printf("NO.: ");
      scanf("%s",stu[i].num);
      printf("name:    ");
        scanf("%s",stu[i].name);
      for (j=0;j<3;j++)
      { printf("score %d:",j+1);
        scanf("%d",&stu[i].score[j]);
      }
    printf("\n");
    }
  }
```

写一个 main 函数，调用 input 函数以及题 8.3 中提供的 print 函数，就可以完成对学生数据的输入和输出。

整个程序如下：

```
#include<stdio.h>
#define N 5

struct student
  { char num[6];
    char name[8];
    int score[4];
  } stu[N];

int main()
  { void input(struct student stu[]);
    void print(struct student stu[]);
    input(stu);
    print(stu);
    return 0;
  }

void input(struct student stu[])
```

```
{ int i,j;
  for (i=0;i<N;i++)
  { printf("input scores of student %d:\n",i+1);
    printf("NO.: ");
    scanf("%s",stu[i].num);
    printf("name:   ");
        scanf("%s",stu[i].name);
    for (j=0;j<3;j++)
    { printf("score %d:",j+1);
      scanf("%d",&stu[i].score[j]);
    }
  printf("\n");
  }
}
```

```
void print(struct student stu[6])
  { int i,j;
    printf("\n  NO.    name    score1   score2   score3 \n");
    for (i=0;i<N;i++)
    { printf("%5s%10s",stu[i].num,stu[i].name);
      for (j=0;j<3;j++)
        printf("%9d",stu[i].score[j]);
      printf("\n");
    }
  }
```

运行情况与题 8.3 相同。

8.5　有 10 个学生，每个学生的数据包括学号、姓名、3 门课程的成绩，从键盘输入 10 个学生数据，要求输出 3 门课程总平均成绩，以及最高分的学生的数据(包括学号、姓名、3 门课程成绩、平均分数)。

解：N-S 图见图 8-1。

编写程序如下：

```
#include<stdio.h>
#define N 10
struct student
  { char num[6];
    char name[8];
    float score[3];
    float avr;
  } stu[N];

int main()
  { int i,j,maxi;
    float sum,max,average;
```

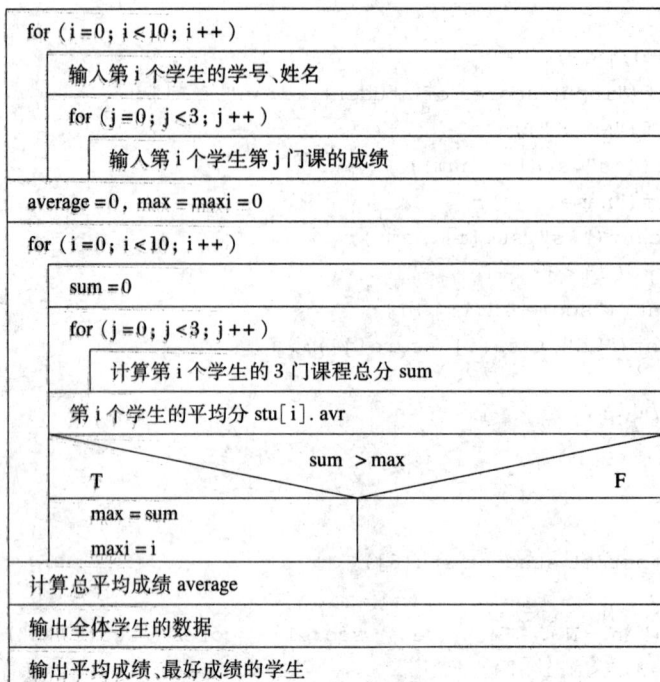

for (i = 0; i < 10; i ++)			
	输入第 i 个学生的学号、姓名		
	for (j = 0; j < 3; j ++)		
		输入第 i 个学生第 j 门课的成绩	
average = 0, max = maxi = 0			
for (i = 0; i < 10; i ++)			
	sum = 0		
	for (j = 0; j < 3; j ++)		
		计算第 i 个学生的 3 门课程总分 sum	
	第 i 个学生的平均分 stu[i].avr		
	sum > max		
	T		F
	max = sum maxi = i		
计算总平均成绩 average			
输出全体学生的数据			
输出平均成绩、最好成绩的学生			

图　8-1

```
    //输入数据
for (i =0;i <N;i ++)
  { printf("input scores of student %d:\n",i +1);
    printf("NO.:");
    scanf("%s",stu[i].num);
    printf("name:");
    scanf("%s",stu[i].name);
    for (j =0;j <3;j ++)
    { printf("score %d:",j +1);
      scanf("%f",&stu[i].score[j]);
    }
  }


    //计算
average =0;
max =0;
maxi =0;
for (i =0;i <N;i ++)
  { sum =0;
    for (j =0;j <3;j ++)
      sum + =stu[i].score[j];           //计算第 i 个学生总分
    stu[i].avr =sum/3.0;                //计算第 i 个学生平均分
```

```
            average + = stu[i].avr;
            if (sum > max)                          //找分数最高者
            { max = sum;
                maxi = i;                            //将此学生的下标保存在 maxi
            }
        }
    average = average/N                              //计算总平均分数
            //输出
    printf(" NO.    name    score1   score2   score3    average \n");
    for (i = 0;i < N;i ++)
        { printf("%5s%10s",stu[i].num,stu[i].name);
            for (j = 0;j < 3;j ++)
                printf("%9.2f",stu[i].score[j]);
            printf("    %8.2f\n",stu[i].avr);
        }
    printf("average = %5.2f \n",average);
    printf("The highest score is : student %s,%s \n",stu[maxi].num,
    stu[maxi].name);
    printf("his scores are:%6.2f,%6.2f,%6.2f,average:%5.2f. \n",
        stu[maxi].score[0],stu[maxi].score[1],stu[maxi].score[2],
        stu[maxi].avr);
    return 0;
    }
```

💡 **说明**：max 为当前最好成绩；maxi 为当前最好成绩所对应的下标序号；sum 为第 i 个学生的总成绩。

运行结果：

```
input scores of student 1:
No.:  101↙
name:  Wang↙
score1: 93↙
score2: 89↙
score3: 87↙
input scores of student 2:
No.: 102↙
name:  Li↙
score1: 85↙
score2: 80↙
score3: 78↙
input scores of student 3:
No.: 103↙
name:  Zhao↙
score1: 65↙
```

```
score2: 70↙
score3: 59↙
input scores of student 4:
No.: 104↙
name: Ma↙
score1: 77↙
score2: 70↙
score3: 83↙
input scores of student 5:
No.: 105↙
name: Han↙
score1: 70↙
score2: 67↙
score3: 60↙
input scores of student 6:
No.: 106↙
name: Zhang↙
score1: 99↙
score2: 97↙
score3: 95↙
input scores of student 7:
No.: 107↙
name: Zhou↙
score1: 88↙
score2: 89↙
score3: 88↙
input scores of student 8:
No.: 108↙
name: Chen↙
score1: 87↙
score2: 88↙
score3: 85↙
input scores of student 9:
No.: 109↙
name: Yang↙
score1: 72↙
score2: 70↙
score3: 69↙
input scores of student 10:
No.: 110↙
name: Liu↙
score1: 78↙
score2: 80↙
score3: 83↙
```

No.	name	score1	score2	score3	average
101	Wang	93	89	87	89.67
102	Li	85	80	78	81.00
103	Zhao	65	70	59	64.67
104	Ma	77	70	83	76.67
105	Han	70	67	60	65.67
106	Zhang	99	97	95	97.00
107	Zhou	88	89	88	88.33
108	Chen	87	88	85	86.67
109	Yang	72	70	69	70.33
110	Liu	78	80	83	80.33

average =80.03

The highest score is: student 106, Zhang.

His scores are: 99.00,97.00,95.00,average: 97.00

8.6 13 个人围成一圈,从第 1 个人开始顺序报号 1,2,3,凡报到 3 者退出圈子,找出最后留在圈子中的人原来的序号。要求用链表实现。

解: N-S 图见图 8-2。

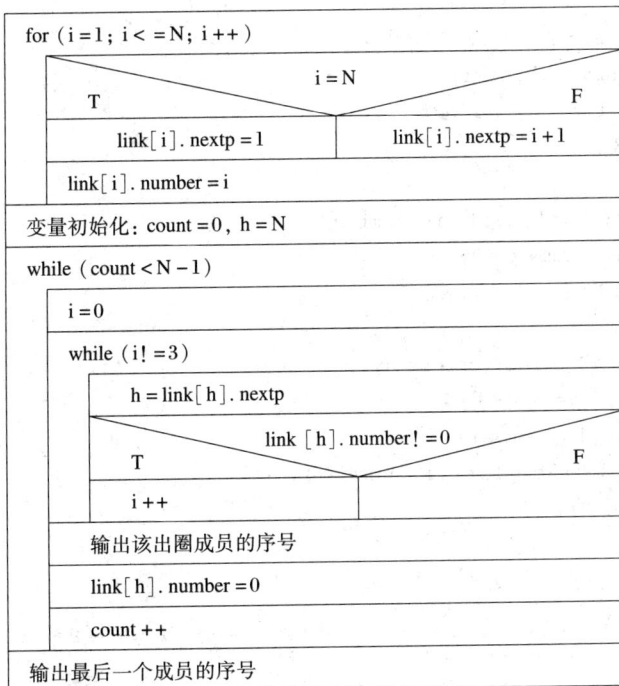

图 8-2

编写程序如下:

```
#include<stdio.h>
#define N 13

struct person
```

```
{ int number;
  int nextp;
} link[N+1];

int main()
{ int i,count,h;
  for (i=1;i<=N;i++)
    {if (i==N)
       link[i].nextp=1;
     else
       link[i].nextp=i+1;
     link[i].number=i;
    }
  printf("\n");
  count=0;
  h=N;
  printf("sequence that persons leave the circle:\n");
  while(count<N-1)
    {i=0;
     while(i!=3)
       {h=link[h].nextp;
        if (link[h].number)
        i++;
       }
     printf("%4d",link[h].number);
     link[h].number=0;
     count++;
    }
  printf("\nThe last one is ");
  for (i=1;i<=N;i++)
    if (link[i].number)
      printf("%3d",link[i].number);
  printf("\n");
  return 0;
}
```

运行结果：

```
sequence that persons leave the circle:
 3  6  9 12  2  7 11  4 10  5  1  8
The last one is 13            (最后留在圈子中的是 13 号)
```

　*8.7　在教材第 8 章例 8.9 和例 8.10 的基础上，写一个函数 del，用来删除动态链表中指定的结点。

　解：解题思路：题目要求对一个链表，删除其中某个结点。怎样考虑此问题的算法呢？先打个比方：一队小孩（A，B，C，D，E）手拉手，如果某一小孩（C）想离队有事，而队形仍保持不变。只要将 C 的手从两边脱开，B 改为与 D 拉手即可，见图 8-3。图 8-3(a)是原来的队伍，图 8-3(b)是 C 离队后的队伍。

图　8-3

与此相仿，从一个动态链表中删去一个结点，并不是真正从内存中把它抹掉，而是把它从链表中分离开来，只要撤销原来的链接关系即可。

如果想从已建立的动态链表中删除指定的结点，可以指定学号作为删除结点的标志。例如，输入 10103 表示要求删除学号为 10103 的结点。解题的思路是：从 p 指向的第一个结点开始，检查该结点中的 num 的值是否等于输入的要求删除的那个学号。如果相等就将该结点删除，如不相等，就将 p 后移一个结点，再如此进行下去，直到遇到表尾为止。

可以设两个指针变量 p1 和 p2，先使 p1 指向第一个结点(见图 8-4(a))。如果要删除的不是第一个结点，则使 p1 后指向下一个结点(将 p1 -> next 赋给 p1)，在此之前应将 p1 的值赋给 p2，使 p2 指向刚才检查过的那个结点，见图 8-4(b)。如此一次一次地使 p 后移，直到找到所要删除的结点或检查完全部链表都找不到要删除的结点为止。如果找到某一结点是要删除的结点，还要区分两种情况：

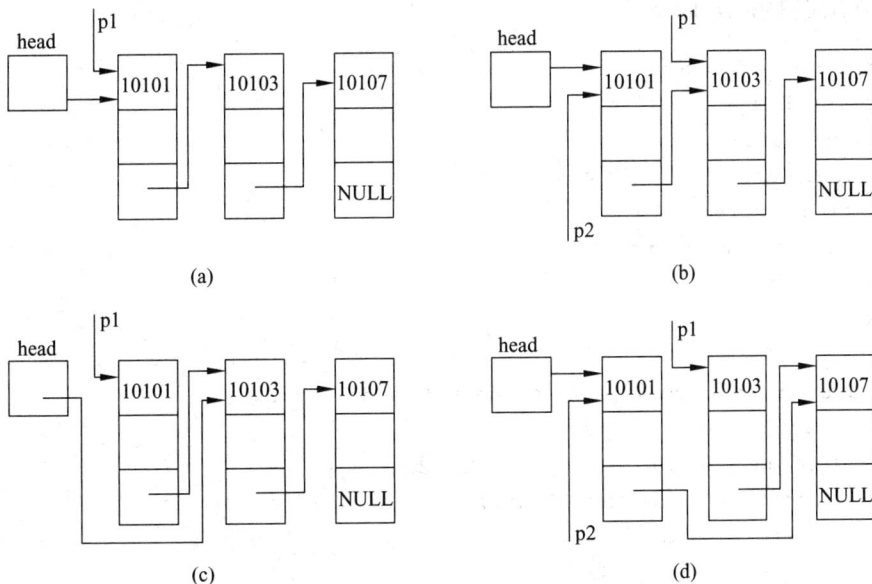

图　8-4

① 要删的是第一个结点(p1 的值等于 head 的值，见图 8-5(a))，则应将 p1 -> next 赋给 head，见图 8-5(c)，这时 head 指向原来的第二个结点。第一个结点虽然仍存在，但它已与链表脱离，因为链表中没有一个结点或头指针指向它。虽然 p1 还指向它，它也指向第二个结点，但仍无济于事，现在链表的第一个结点是原来的第二个结点，原来第一个结点已"丢失"，即不再是链表中的一部分了。

② 如果要删除的不是第一个结点,则将 p1 -> next 给 p2 -> next,见图 8-5(d)。
p2 -> next 原来指向 p1 指向的结点(图中第二个结点),现在 p2 -> next 改为指向 p1 ->
next 所指向的结点(图中第三个结点)。p1 所指向的结点不再是链表的一部分。

还需要考虑链表是空表(无结点)和链表中找不到要删除的结点的情况。

图 8-5 表示解此题的算法。

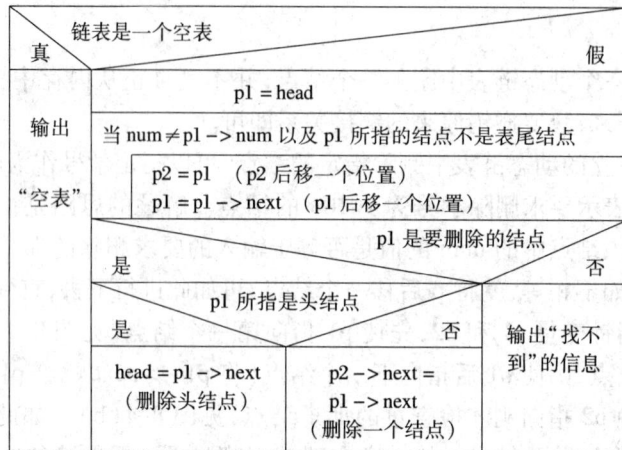

图　8-5

删除结点的函数 del 如下:

```c
#include<stdio.h>
#define NULL 0
struct student
  { long num;
    float score;
    struct student *next;
  };
int n;

struct student *del(struct student *head,long num)
  { struct student *p1,*p2;
    if (head==NULL)              //是空表
      {printf("\nlist null!\n");
       return(head);
      }
    p1=head;                     //使 p1 指向第一个结点
    while(num!=p1->num && p1->next!=NULL)
                                 //p1 指向的不是所要找的结点且后面还有结点
      {p2=p1;p1=p1->next;}       //p1 后移一个结点
    if(num==p1->num)             //找到了
      {if(p1==head)head=p1->next;
                                 //若 p1 指向的是首结点,把第二个结点地址赋予 head
       else p2->next=p1->next;          //否则将下一结点地址赋给前一结点地址
```

```
        printf("delete:%ld\n",num);
        n = n - 1;
    }
    else printf("%ld not been found!\n",num);   //找不到该结点
    return(head);
}
```

💡 **说明**：函数的类型是指向 student 类型数据的指针，它的值是链表的头指针。函数参数为 head 和要删除的学号 num。head 的值可能在函数执行过程中被改变（当删除第一个结点时）。

*8.8　写一个函数 insert，用来向一个动态链表插入结点。

解：解题思路，对链表的插入是指将一个结点插入到一个已有的链表中。

若已建立了学生链表（如前面已进行的工作），结点是按其成员项 num（学号）的值由小到大顺序排列的。今要插入一个新生的结点，要求按学号的顺序插入。

为了能做到正确插入，必须解决两个问题：① 怎样找到插入的位置；② 怎样实现插入。

如果有一群小学生，按身高顺序（由低到高）手拉手排好队。现在来了一名新同学，要求按身高顺序插入队中。首先要确定插到什么位置。可以将新同学先与队中第 1 名小学生比身高，若新同学比第 1 名学生高，就使新同学后移一个位置，与第 2 名学生比，如果仍比第 2 名学生高，再往后移，与第 3 名学生比……直到出现比第 i 名学生高、比第 i+1 名学生低的情况为止。显然，新同学的位置应该在第 i 名学生之后，在第 i+1 名学生之前。在确定了位置之后，让第 i 名学生与第 i+1 名学生的手脱开，然后让第 i 名学生的手去拉新同学的手，让新同学另外一只手去拉第 i+1 名学生的手。这样就完成了插入，形成了新的队列。

根据这个思路来实现链表的插入操作。先用指针变量 p0 指向待插入的结点，p1 指向第一个结点，见图 8-6（a）。将 p0 -> num 与 p1 -> num 相比较，如果 p0 -> num > p1 -> num，则待插入的结点不应插在 p1 所指的结点之前。此时将 p1 后移，并使 p2 指向刚才 p1 所指的结点，见图 8-6（b）。再将 p1 -> num 与 p0 -> num 比。如果仍然是 p0 -> num 大，则应使 p1 继续后移，直到 p0 -> num ≤ p1 -> num 为止。这时将 p0 所指的结点插到 p1 所指结点之前。但是如果 p1 所指的已是表尾结点，则 p1 就不应后移了。如果 p0 -> num 比所有结点的 num 都大，则应将 p0 所指的结点插到链表末尾。

如果插入的位置既不在第一个结点之前，又不在表尾结点之后，则将 p0 的值赋给 p2 -> next，使 p2 -> next 指向待插入的结点，然后将 p1 的值赋给 p0 -> next，使得 p0 -> next 指向 p1 指向的变量，见图 8-6（c），在第一个结点和第二个结点之间已插入了一个新的结点。

如果插入位置为第一个结点之前（即 p1 等于 head 时），则将 p0 赋给 head，将 p1 赋给 p0 -> next，见图 8-6（d）。如果要插到表尾之后，应将 p0 赋给 p1 -> next，NULL 赋给 p0 -> next，见图 8-6（e）。

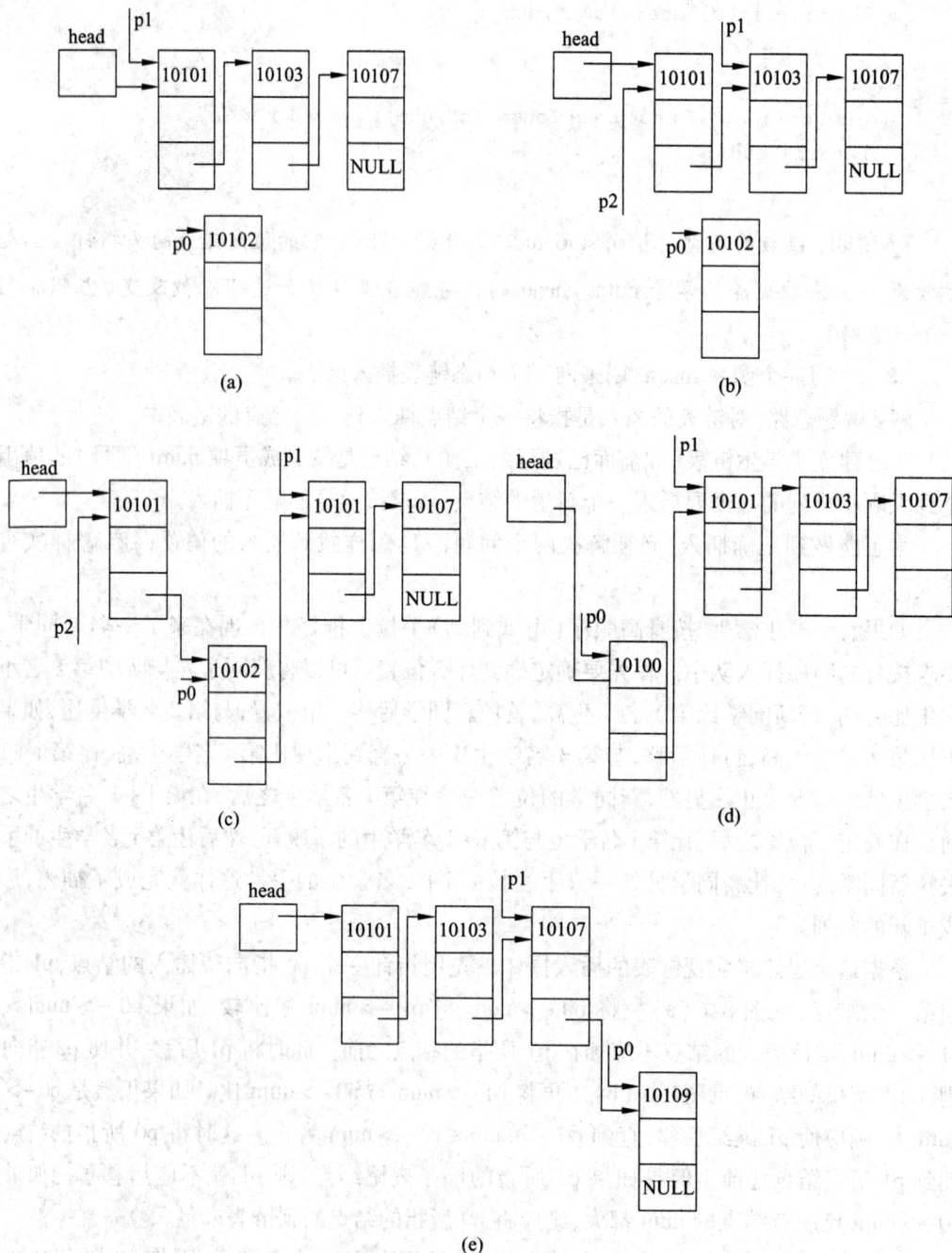

(a)

(b)

(c)

(d)

(e)

图　8-6

编写程序：写出插入结点的函数 insert 如下。

```
#include<stdio.h>
struct student
  { long num;
    float score;
```

```
          struct student * next;
       };
   int n;

   struct student * insert(struct student * head,struct student * stud)
     { struct student * p0, * p1, * p2;
       p1 = head;                              //使 p1 指向第一个结点
       p0 = stud;                              //指向要插入的结点
       if(head == NULL)                        //原来的链表是空表
         { head = p0;p0 -> next = NULL; }      //使 p0 指向的结点作为头结点
       else
         { while((p0 -> num > p1 -> num) && (p1 -> next! = NULL))
           { p2 = p1;                          //使 p2 指向刚才 p1 指向的结点
             p1 = p1 -> next;}                 //p1 后移一个结点
           if(p0 -> num <= p1 -> num)
             { if(head == p1) head = p0;       //插到原来第一个结点之前
               else p2 -> next = p0;           //插到 p2 指向的结点之后
               p0 -> next = p1;
             }
           else
             { p1 -> next = p0; p0 -> next = NULL; } //插到最后的结点之后
         }
       n = n + 1;                              //结点数加 1
       return (head);
     }
```

💡 **说明**：函数参数是 head 和 stud。stud 也是一个指针变量，将待插入结点的地址从实参传给 stud。语句"p0 = stud；"的作用是使 p0 指向待插入的结点。

函数类型是指针类型，函数返回值是链表起始地址 head。

*8.9 综合教材第 8 章例 8.9（建立链表的函数 creat）、例 8.10（输出链表的函数 print）和习题 8.7（删除结点的函数 del）、习题 8.8（插入结点的函数 insert）组成一个程序。编写一个主函数，先后调用这些函数，实现链表的建立、输出、删除和插入。在主函数中指定需要删除和插入的结点。

解：编写程序如下：

写一个主函数，在主函数中调用以上 4 个函数 creat，print，del 和 insert。

```
#include < stdio.h >
struct student
  { long num;
    float score;
    struct student * next;
  };
int n;

int main()
  { struct student creat();                    //函数声明
    struct student * del(student * ,long);      //函数声明
```

```
        struct student * insert(student *, student *);    //函数声明
        void print(student *);                             //函数声明
        student * head, stu;
        long del_num;
        printf("input records:\n");
        head = creat();                                    //建立链表并返回头指针
        print(head);                                       //输出全部结点
        printf("input the deleted number:");               //提示输入要删除的学号
        scanf("%ld", &del_num);                            //输入要删除的学号
        head = del(head, del_num);                         //删除结点后返回链表的头地址
        print(head);                                       //输出全部结点
        printf("input the inserted record:");              //提示输入要插入的结点
        scanf("%ld,%f", &stu.num, &stu.score);             //输入要插入的结点的数据
        head = insert(head, &stu);                         //插入结点并返回头地址
        print(head);                                       //输出全部结点
    return 0;
    }
```

运行结果：

```
input records:
10101 90 ↙
10103 98 ↙
10105 87 ↙
0 0 ↙

Now, These 3 records are:
10101 90
10103 98
10105 87

input the deleted number: 10103 ↙          (删除学号为 10003 的点)
delete: 10103
10101 90
10105 87

input the inserted record: 10102, 95 ↙     (插入一个结点)

Now, These 3 records are:
10101 90
10102 95
10105 87
(程序正常结束)
```

🔍 **程序分析**：程序运行结果无疑是正确的。它只删除一个结点和只插入一个结点。但如果想再插入一个结点，重复写上程序最后 4 行，共插入两个结点。即 main 函数改写如下：

```
int main()
    { struct student * creat();
```

```
    struct student *del(struct student * ,long);
    struct student *insert(struct student *, struct student *);
    void print(struct student *);
    struct student *head,stu;
    long del_num;
    printf("input records:\n");
    head=creat();
    print(head);
    printf("input the deleted number:");
    scanf("%ld",&del_num);                  //输入要删除的学号
    head=del(head,del_num);                 //删除结点
    print(head);
    printf("input the inserted record:");
    scanf("%ld,%f",&stu.num,&stu.score);    //输入要插入的结点的数据
    head=insert(head,&stu);                 //插入结点
    print(head);                            //输出全部结点
    printf("input the inserted record:");
    scanf("%ld,%f",&stu.num,&stu.score);    //再输入要插入的结点的数据
    head=insert(head,&stu);                 //插入结点
    print(head);
    return 0;
}
```

运行结果：

```
input records:                          (建立链表)
10101 90 ↙
10103 98 ↙
10105 87 ↙
0 0 ↙


Now,These 3 records are:
10101 90
10103 98
10105 87


input the deleted number: 10103 ↙       (删除学号为 10103 的点)
delete:10103
10101 90
10105 87


input the inserted record: 10102, 95 ↙  (插入一个结点)


Now,These 3 records are:
10101 90
10102 95
```

```
10105 87
```

input the inserted record: <u>10104, 76</u> ✓ 　　　(再插入一个结点)
Now,These 4 records are:
```
10101 90
10104 76
10104 76
10104 76
```
⋮
(无终止地输出 10004 的结点数据。运行结果却是错误的)

请读者将 main 与 insert 函数结合起来考察为什么会产生以上运行结果。

出现以上结果的原因是：stu 是一个有固定地址的结构体变量。第一次把 stu 结点插入到链表中。第二次若再用它来插入第二个结点，就把第一次结点的数据冲掉了。实际上并没有开辟两个结点。读者可根据 insert 函数画出此时链表的情况。为了解决这个问题，必须在每插入一个结点时新开辟一个内存区。修改 main 函数，使之能删除多个结点（直到输入要删的学号为 0），能插入多个结点（直到输入要插入的学号为 0）。

修改后的整个程序如下：

```c
#include<stdio.h>
#include<malloc.h>
#define NULL 0
#define LEN sizeof(struct student)
struct student
  { long num;
    float score;
    struct student *next;
  };
int n;

int main()
  { struct student student *creat();                       //函数声明
    struct student student *del(student *,long);           //函数声明
    struct student student *insert(student *,student *);   //函数声明
    void print(student *);                                 //函数声明
    struct student *head,*stu;
    long del_num;
    printf("input records:\n");                            //提示输入
    head=creat();                                          //建立链表,返回头指针
    print(head);                                           //输出全部结点
    printf("\ninput the deleted number:");                //提示用户输入要删除的结点
    scanf("%ld",&del_num);                                 //输入要删除的学号
    while (del_num!=0)                                     //当输入的学号为 0 时结束循环
        { head=del(head,del_num);                          //删除结点后返回链表的头地址
        print(head);                                       //输出全部结点
```

```
        printf ("input the deleted number:");      //提示用户输入要删除的结点
        scanf("%ld",&del_num);                      //输入要删除的学号
        }
    printf("\ninput the inserted record:");         //提示输入要插入的结点
    stu = (struct student * ) malloc(LEN);          //开辟一个新结点
    scanf("%ld,%f",&stu->num,&stu->score);          //输入要插入的结点
    while(stu->num! =0)                             //当输入的学号为 0 时结束循环
        { head = insert(head,stu);                  //返回链表的头地址,赋给 head
         print(head);                               //输出全部结点
         printf("input the inserted record:");      //请用户输入要插入的结点
         stu = (struct student * )malloc(LEN);      //开辟一个新结点
         scanf("%ld,%f",&stu->num,&stu->score);     //输入插入结点的数据
        }
    return 0;
  }


struct student * creat()                            //建立链表的函数
  { struct student * head;
    struct student * p1, * p2;
    n =0;
    p1 =p2 = (struct student * ) malloc(LEN);  //开辟一个新单元,并使 p1,p2 指向它
    scanf("%ld,%f",&p1->num,&p1->score);
    head =NULL;
    while(p1->num! =0)
      {n =n +1;
       if(n ==1)head =p1;
       else p2->next =p1;
       p2 =p1;
       p1 = (struct student * )malloc(LEN);
       scanf("%ld,%f",&p1->num,&p1->score);
      }
    p2->next =NULL;
    return(head);
  }


struct student * del(struct student * head,long num)    //删除结点的函数
  { struct student * p1, * p2;
    if (head ==NULL)                                //是空表
        { printf("\nlist null! \n");
          return(head);
        }
    p1 =head                                        //使 p1 指向第一个结点
    while(num! =p1->num && p1->next! =NULL)
                                    //p1 指向的不是所要找的结点且后面还有结点
```

```
        {p2 =p1;p1 = p1 ->next;}              //p1 后移一个结点
    if (num ==p1 -> num)                      //找到了
       {if (p1 ==head)head =p1 -> next;
                                 //若 p1 指向的是首结点,把第二个结点地址赋予 head
        else p2 -> next =p1 -> next;          //否则将下一个结点地址赋给前一个结点地址
        printf("delete:%ld\n",num);
        n =n -1;
       }
    else printf("%ld not been found! \n",num);      //找不到该结点
    return(head);
    }


struct student * insert(struct student * head, struct student * stud)
                                      //插入结点的函数
  { struct student *p0, *p1, *p2;
    p1 =head;                              //使 p1 指向第一个结点
    p0 =stud;                              //指向要插入的结点
    if(head ==NULL)                        //原来的链表是空表
       { head =p0; p0 -> next =NULL;}      //使 p0 指向的结点作为头结点
    else
       { while((p0 -> num >p1 -> num) && (p1 -> next! =NULL))
         { p2 =p1;                         //使 p2 指向刚才 p1 指向的结点
           p1 =p1 -> next;                 //p1 后移一个结点
         }
       if (p0 -> num <=p1 -> num)
         {if (head ==p1) head =p0;         //插到原来第一个结点之前
          else p2 -> next =p0;             //插到 p2 指向的结点之后
          p0 -> next =p1;
         }
       else
         { p1 -> next =p0; p0 -> next =NULL;}  //插到最后的结点之后
       }
    n =n +1;                               //结点数加 1
    return(head);
  }
void print (struct student * head)         //输出链表的函数
  { struct student *p;
    printf("\nNow,These %d records are: \n",n);
    p =head;
    if (head! =NULL)
      do
      { printf("%ld %5.1f \n",p->num,p->score);
       p =p->next;
      }while(p! =NULL);
  }
```

说明：定义 stu 为指针变量,在需要插入时先用 new 开辟一个内存区,将其起始地址赋给 stu,然后输入此结构体变量中各成员的值。对不同的插入对象,stu 的值是不同的,每次指向一个新的 student 变量。在调用 insert 函数时,实参为 head 和 stu,将已有的链表起始地址传给 insert 函数的形参 head,将新开辟的单元的地址 stu 传给形参 stud,返回的函数值是经过插入之后的链表的头指针(地址)。

运行结果:

```
input records:                              (建立链表)
10101, 90 ↙
10103, 98 ↙
10105, 87 ↙
0, 0 ↙

Now,These 3 records are:
10101 90
10103 98
10105 87

input the deleted number: 10103 ↙      (删除学号为 10103 的点)
delete: 10103
10101 90
10105 87
input the deleted number: 0 ↙          (输入的学号为 0,结束删除操作)

input the inserted record: 10102, 95 ↙    (插入一个结点)

Now,These 3 records are:
10101 90
10102 95
10105 87

input the inserted record: 10104,76 ↙     (再插入一个结点)
Now,These 4 records are:
10101 90
10102 95
10104 76
10105 87
input the inserted record: 0, 0 ↙         (输入的学号为 0,结束插入操作)
```

请读者仔细消化这个程序。这个程序只是初步的,用来实现基本的功能,读者可以在此基础上进一步完善和丰富它。

8.10　已有 a,b 两个链表,每个链表中的结点包括学号、成绩。要求把两个链表合并,按学号升序排列。

解: 编写程序如下:

```
#include<stdio.h>
#include<malloc.h>
#define LEN sizeof(struct student)

struct student
  { long num;
    int score;
    struct student *next;
  };

struct student lista,listb;
int n,sum=0;

int main()
  { struct student *creat(void);                                    //函数声明
    struct student *insert(struct student  *,struct student *); //函数声明
    void print(struct student *);                                  //函数声明
    struct student *ahead,*bhead,*abh;
    printf("input list a:\n");
    ahead=creat();                    //调用 creat 函数建立表 A,返回头地址
    sum=sum+n;
    printf("input list b:\n");
    bhead=creat();                    //调用 creat 函数建立表 B,返回头地址
    sum=sum+n;
    abh=insert(ahead,bhead);          //调用 insert 函数,将两表合并
    print(abh);                       //输出合并后的链表
    return 0;
  }

//建立链表的函数
struct student *creat(void)
  { struct student *p1,*p2,*head;
    n=0;
    p1=p2=(struct student *)malloc(LEN);
    printf("input number & scores of student:\n");
    printf("if number is 0,stop inputing. \n");
    scanf("%ld,%d",&p1->num,&p1->score);
    head=NULL;
    while(p1->num !=0)
      {n=n+1;
        if (n==1)
          head=p1;
        else
          p2->next=p1;
        p2=p1;
```

```
          p1 = (struct student * )malloc(LEN);
          scanf("%ld,%d",&p1->num,&p1->score);
        }
      p2->next=NULL;
      return(head);
   }

      //定义 insert 函数,用来合并两个链表
struct student * insert(struct student * ah,struct student * bh)
   { struct student * pa1, * pa2, * pb1, * pb2;
     pa2=pa1=ah;
     pb2=pb1=bh;
     do
     {while((pb1->num>pa1->num) && (pa1->next !=NULL))
       {pa2=pa1;
        pa1=pa1->next;
       }
      if (pb1->num <=pa1->num)
      {if (ah==pa1)
         ah=pb1;
       else pa2->next=pb1;
       pb1=pb1->next;
       pb2->next=pa1;
       pa2=pb2;
       pb2=pb1;
      }
     }while ((pa1->next!=NULL) || (pa1==NULL && pb1!=NULL));
     if ((pb1!=NULL) && (pb1->num>pa1->num) && (pa1->next==NULL))
       pa1->next=pb1;
     return(ah);
   }
      //输出函数
void print(struct student * head)
   { struct student  *p;
     printf("There are %d records:  \n",sum);
     p=head;
     if (p !=NULL)
       do
         {printf("%ld %d\n",p->num,p->score);
          p=p->next;
         } while (p !=NULL);
   }
```

运行结果:

input list a: (输入链表 A)
input number & scores of student: (输入学生的学号和成绩)
if number is 0,stop inputing.   (如果学号为 0, 表示输入结束)

101,89↙
103,67↙
105,97↙
107,88↙
0↙

input list b:　　　　　　　　　　　　　　(输入链表 B)
input number & scores of student:　　　(输入学生的学号和成绩)
if number is 0,stop inputing.　　　　　(如果学号为 0，表示输入结束)
100,100↙
102,65↙
106,60↙
0↙
There are 7 records:
100,100↙
101,89↙
102,65↙
103,67↙
105,97↙
106,60↙
107,88↙

请读者仔细分析和理解程序的思路和算法。

*8.11　有两个链表 a 和 b,设结点中包含学号、姓名。从 a 链表中删去与 b 链表中有相同学号的那些结点。

解：删除操作的 N-S 图见图 8-7。

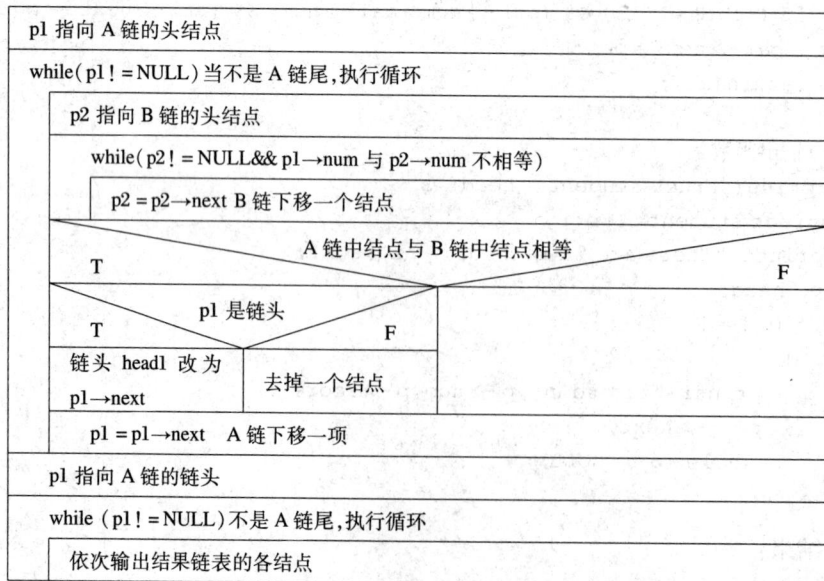

图　8-7

为减少程序运行时的输入量,先设两个结构体数组 a 和 b,并使用初始化的方法使之得到数据。建立链表时就利用这两个数组中的元素作为结点。

编写程序如下:

```
#include <stdio.h>
#include <string.h>
#define LA 4
#define LB 5
struct  student
  {int num;
   char name[8];
   struct student *next;
  } a[LA],b[LB];

int main()
  { struct student a[LA] = {{101,"Wang"},{102,"Li"},{105,"Zhang"},{106,
                       "Wei"}};
    struct student b[LB] = {{103,"Zhang"},{104,"Ma"}, {105,"Chen"},{107,
                       "Guo"}, {108,"Liu"}};

    int  i;
    struct student *p, *p1, *p2, *head1, *head2;

    head1 = a;
    head2 = b;
    printf(" list A: \n");
    for (p1 = head1,i = 1;i <= LA;i ++)
      {if(i < LA)   p1 -> next = a + i;
       else   p1 -> next = NULL;              //这是最后一个结点
       printf("%4d%8s \n",p1 -> num,p1 -> name);   //输出一个结点的数据
       if(i < LA) p1 = p1 -> next;   //如果不是最后一个结点,使 p1 指向下一个结点
      }
    printf("\n list B: \n");
    for (p2 = head2,i = 1;i <= LB;i ++)
      {if (i < LB) p2 -> next = b + i;
       else p2 -> next = NULL;
       printf("%4d%8s \n",p2 -> num,p2 -> name);
       if (i < LB) p2 = p2 -> next;
      }

          //对 a 链表进行删除操作
    p1 = head1;
    while(p1 ! = NULL)
      {p2 = head2;
       while ((p1 -> num ! = p2 -> num) && (p2 -> next! = NULL))
         p2 = p2 -> next;
```

//使 p2 后移直到发现与 a 链表中当前的结点的学号相同或已到 b 链表中最后一个结点

```
      if (p1->num==p2->num)          //两个链表中的当前学号相同
        {if (p1==head1)              //a 链表中当前结点为第一个结点
          head1=p1->next;           //使 head1 指向 a 链表中第二个结点
         else                        //如果不是第一个结点
           { p->next=p1->next;       //使 p->next 指向 p1 的下一个结点,即删去 p1
                                     //当前指向的结点
            p1=p1->next;            //p1 指向 p1 的下一个结点
           }
        }
      else                          //b 链表中没有与 a 链表中当前结点相同的学号
        {p=p1;p1=p1->next;}         //p1 指向 a 链表中的下一个结点
    }


    //输出已处理过的 a 链表中全部结点的数据
  printf("\nresult:\n");
  p1=head1;
  while(p1!=NULL)
    {printf("%4d %7s  \n",p1->num,p1->name);
     p1=p1->next;
    }
  return 0;
 }
```

运行结果：

```
list A:
101    Wang
102    Li
105    Zhang
106    Wei
list B:
103    Zhang
104    Ma
105    Zhang
107    Guo
108    Liu
result:
101    Wang
102    Li
106    Wei
```

请读者对照 N-S 图仔细分析程序。

*8.12 建立一个链表,每个结点包括学号、姓名、性别、年龄。输入一个年龄,如果链表中的结点所包含的年龄等于此年龄,则将此结点删去。

解：N-S 图如图 8-8 所示。

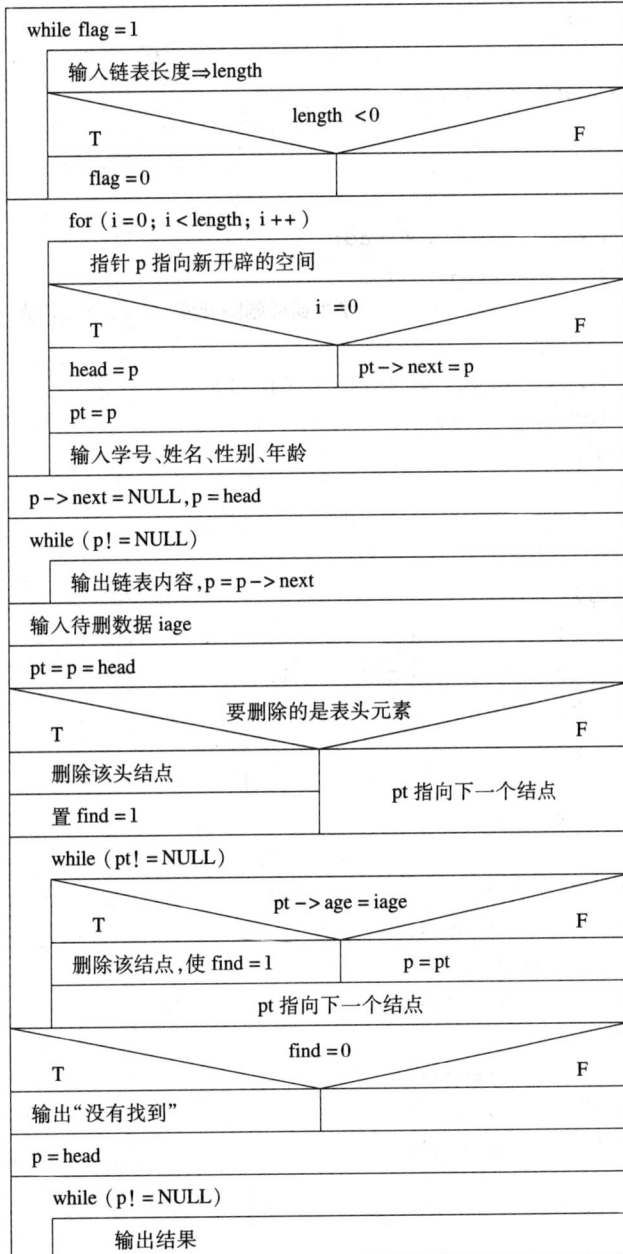

while flag = 1

　　输入链表长度 ⇒ length

	length < 0	
T		F
flag = 0		

　　for (i = 0 ; i < length ; i + +)

　　　　指针 p 指向新开辟的空间

	i = 0	
T		F
head = p	pt -> next = p	

　　　　pt = p

　　　　输入学号、姓名、性别、年龄

p -> next = NULL , p = head

while (p ! = NULL)

　　输出链表内容 , p = p -> next

输入待删数据 iage

pt = p = head

	要删除的是表头元素	
T		F
删除该头结点	pt 指向下一个结点	
置 find = 1		

　　while (pt ! = NULL)

	pt -> age = iage	
T		F
删除该结点 , 使 find = 1	p = pt	
pt 指向下一个结点		

	find = 0	
T		F
输出"没有找到"		

p = head

　　while (p ! = NULL)

　　　　输出结果

图 8-8

编写程序如下:

```
#include < stdio.h >
#include < malloc.h >
#define LEN sizeof(struct  student)
struct  student
  {  char num[6];
    char name[8];
```

```
      char sex[2];
      int age;
      struct student *next;
   } stu[10];


int main()
  { struct student *p, *pt, *head;
    int i,length,iage,flag=1;
    int find=0;                      //找到待删除元素 find=1,否则 find=0
    while (flag==1)
     {printf("input length of list(<10):");
      scanf("%d",&length);
      if (length<10)
         flag=0;
     }

        //建立链表
     for (i=0;i<length;i++)
       {p=(struct student *) malloc(LEN);
        if (i==0)
           head=pt=p;
        else
           pt->next=p;
        pt=p;
        printf("NO.:");
        scanf("%s",p->num);
        printf("name:");
        scanf("%s",p->name);
        printf("sex:");
        scanf("%s",p->sex);
        printf("age:");
        scanf("%d",&p->age);
       }
     p->next=NULL;
     p=head;
     printf("\n NO.  name  sex  age \n");      //显示
     while(p!=NULL)
        {printf("%4s%8s%6s%6d\n",p->num,p->name,p->sex,p->age);
         p=p->next;
        }

        //删除
     printf("input age:");                      // 输入待删除年龄
     scanf("%d",&iage);
     pt=head;
```

```
        p = pt;
        if (pt -> age == iage)                    //链头是待删除元素
          {p = pt -> next;
          head = pt = p;
          find = 1;
          }
        else                                      //链头不是待删除元素
          pt = pt -> next;
        while (pt! = NULL)
          {if (pt -> age == iage)
            {p -> next = pt -> next;
            find = 1;
            }
          else                                    // 中间结点不是待删除元素
            p = pt;
          pt = pt -> next;
          }
      if (!find)
        printf(" not found  %d.",iage);
      p = head;
      printf("\n NO.  name  sex  age \n");        //显示结果
      while (p! = NULL)
        {printf("%4s%8s",p -> num,p -> name);
         printf("%6s%6d \n",p -> sex,p -> age);
         p = p -> next;
         }
  return 0;
  }
```

运行结果:

```
input length of list (<10):  4↙              (输入链表长度)
No.: 101↙
name: Ma↙
sex:  m↙
age:  20↙
No.: 102↙
name:  Li↙
sex: f↙
age: 23↙
No.: 103↙
name: Zhang↙
sex:  m↙
age: 19↙
No.: 104↙
```

```
name: Wang↙

sex: m↙

age: 19↙


No.   name  sex  age
101   Ma    m    20
102   Li    f    23
103   Zhang m    19
104   Wang  m    19


input age: 19↙                        (输入待删除年龄)


No.   name  sex  age
101   Ma    m    20
102   Li    f    23
```

第9章

利用文件保存数据

9.1　C 文件操作有什么特点？什么是缓冲文件系统和文件缓冲区？

解：略。

9.2　什么是文件型指针？通过文件指针访问文件有什么好处？

解：略。

9.3　对文件的打开与关闭的含义是什么？为什么要打开和关闭文件？

解：略。

9.4　键盘输入一个字符串，将其中的小写字母全部转换成大写字母，然后输出到一个磁盘文件"test"中保存。输入的字符串以"!"结束。

解：编写程序如下：

```
#include < stdio.h >
#include < string.h >
#include < stdlib.h >
int main()
 { FILE * fp;
  char str[100];
  int i = 0;
  if ((fp = fopen("a1","w")) == NULL)
   { printf("can not open file \n");
     exit(0);
   }
  printf("input a string: \n");
  gets(str);
  while (str[i]! = '!')
   {if (str[i] >= 'a'&& str[i] <= 'z')
      str[i] = str[i] - 32;
    fputc(str[i],fp);
    i + + ;
   }
  fclose(fp);
```

```
fp = fopen("a1","r");
fgets(str,strlen(str)+1,fp);
printf("%s\n",str);
fclose(fp);
return 0;
}
```

运行结果：

input a string:
<u>i love china!</u>↙
I LOVE CHINA

9.5 有两个磁盘文件"A"和"B"，各存放一行字母，今要求把这两个文件中的信息合并（按字母顺序排列），输出到一个新文件"C"中去。

解：解题思路：先用题 9.1 的程序分别建立 A 和 B 两个文件，其中内容分别是"I LOVE CHINA"和"I LOVE BEIJING"。

在程序中先分别将 A,B 文件的内容读出放到数组 c 中，再对数组 c 排序。最后将数组内容写到 C 文件中。流程图如图 9-1 所示。

编写程序如下：

```
#include<stdio.h>
#include<stdlib.h>
int main()
 { FILE *fp;
   int i,j,n,i1;
   char c[100],t,ch;
   if ((fp=fopen("a1","r"))==NULL)
    { printf("\ncan not open file \n");
      exit(0);
    }
   printf("file A :\n");
   for (i=0;(ch=fgetc(fp))!=EOF;i++)
     {
     c[i]=ch;
     putchar(c[i]);
     }
   fclose(fp);

   i1=i;
   if ((fp=fopen("b1","r"))==NULL)
    { printf("\ncan not open file \n");
      exit(0);
    }
   printf("\nfile B:\n");
```

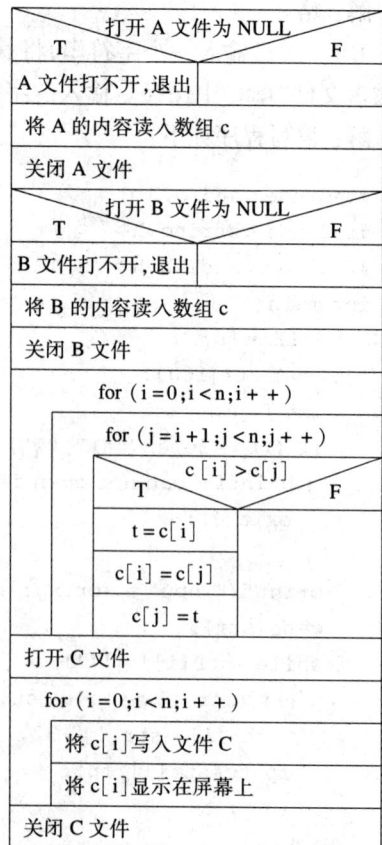

图 9-1

```
for (i = i1;(ch = fgetc(fp))!= EOF;i ++)
  {c[i] = ch;
   putchar(c[i]);
  }
fclose(fp);

n = i;
for (i = 0;i < n;i ++)
 for (j = i +1;j < n;j ++)
   if (c[i] > c[j])
     {t = c[i];
      c[i] = c[j];
      c[j] = t;
     }
printf("\nfile C : \n");
fp = fopen("c1","w");
for (i = 0;i < n;i ++)
     {putc(c[i],fp);
      putchar(c[i]);
     }
printf("\n");
fclose(fp);
return 0;
}
```

运行结果：

```
file A:
I LOVE CHINA                    (磁盘文件 A 中的内容)
file B:
I LOVE BEIJING                  (磁盘文件 B 中的内容)
file C:
    ABCEEEGHIIIIIJLLNNOOVV  (合并后存放在磁盘文件 C 中)
```

9.6 有 5 个学生,每个学生有 3 门课程的成绩,从键盘输入学生数据(包括学号、姓名、3 门课程成绩),计算出平均成绩,将原有数据和计算出的平均分数存放在磁盘文件"stud"中。

解:解题思路: 方法一: N-S 图如图 9-2 所示。

编写程序如下:

```
#include < stdio.h >
struct student
  { char num[10];
    char name[8];
    int score[3];
```

```
        float ave;
    } stu[5];

int main()
  { int i,j,sum;
    FILE *fp;
    for(i=0;i<5;i++)
      { printf(" input score of student
          %d:\n",i+1);
        printf("NO.:");
        scanf("%s",stu[i].num);
        printf("name:");
        scanf("%s",stu[i].name);
        sum=0;
        for (j=0;j<3;j++)
         {printf("score %d:",j+1);
          scanf("%d",&stu[i].score[j]);
          sum+=stu[i].score[j];
         }
        stu[i].ave=sum/3.0;
      }
      //将数据写入文件
    fp=fopen("stud","w");
    for (i=0;i<5;i++)
      if (fwrite(&stu[i],sizeof(struct student),1,fp)!=1)
          printf("file write error\n");
    fclose(fp);

    fp=fopen("stud","r");
    for (i=0;i<5;i++)
      {fread(&stu[i],sizeof(struct student),1,fp);
       printf("\n%s,%s,%d,%d,%d,%6.2f\n",stu[i].num,stu[i].name,stu[i]
          .score[0],stu[i].score[1],stu[i].score[2],stu[i].ave);
      }
    return 0;
  }
```

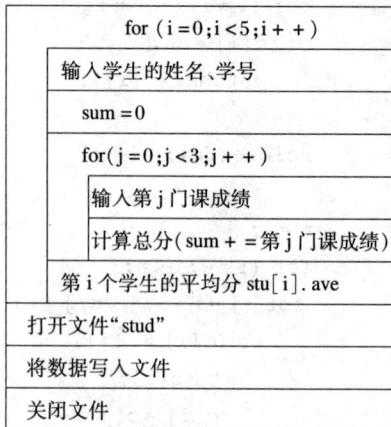

for (i=0;i<5;i++)
输入学生的姓名、学号
sum=0
for(j=0;j<3;j++)
输入第 j 门课成绩
计算总分（sum+=第 j 门课成绩）
第 i 个学生的平均分 stu[i].ave
打开文件"stud"
将数据写入文件
关闭文件

图 9-2

运行结果：

input score of student 1:
No.: <u>110</u>↙
name: <u>Li</u>↙
score 1: <u>90</u>↙
score 2: <u>89</u>↙
score 3: <u>88</u>↙

```
input score of student 2:
No.:  120
name:  Wang
score 1: 80
score 2:  79
score 3:  78

input score of student 3:
No.:  130
name:  Chen
score 1:  70
score 2:  69
score 3:  68

input score of student 4:
No.:  140
name:  Ma
score 1:  100
score 2:  99
score 3:  98

input score of student 5:
No.:  150
name:  Wei
score 1:  60
score 2:  59
score 3:  58

110,Li,90,89,88, 89.00
120,Wang,80,79,78, 79.00
130,Chen,70,69,68, 69.00
140,Ma,100,99,98, 99.00
150,Wei,60,59,58, 59.00
```

🔍 **程序分析**：在程序的第一个 for 循环中，有两个 printf 函数语句用来提示用户输入数据，即"printf("input score of student %d：\n",i+1)；"和"printf("score %d：",j+1)；"，其中用"i+1"和"j+1"而不是用 i 和 j 的用意是使显示提示时，序号从 1 起，即学生 1 和成绩 1（而不是学生 0 和成绩 0），以符合人们的习惯，但在内存中数组元素下标仍从 0 算起。

程序最后 5 行用来检查文件 stud 中的内容是否正确，从结果来看，是正确的。请注意：用 fwrite 函数向文件输出数据时不是按 ASCII 码方式输出的，而是按内存中存储数据的方式输出的（例如一个整数占 2 个（或 4 个）字节，一个实数占 4 个字节），因此不能用 type 命令输出该文件中的数据。

方法二： 也可以用下面的程序来实现：

```c
#include<stdio.h>
#define SIZE 5
struct student
  { char name[10];
    int num;
    int score[3];
    float ave;
  } stud[SIZE];

int main()
  { void save(void);                      //函数声明
    int i;
    float sum[SIZE];
    FILE *fp1;
    for (i=0;i<SIZE;i++)                  //输入数据,并求每个学生的平均分
      {scanf("%s %d %d %d %d",stud[i].name,&stud[i].num,&stud[i].score[0],
              &stud[i].score[1],stud[i].score[2]);
        sum[i]=stud[i].score[0]+stud[i].score[1]+stud[i].score[2];
        stud[i].ave=sum[i]/3;
      }
    save();                              //调用 save 函数,向文件 stu.dat 输出数据
    fp1=fopen("stu.dat","rb");           //用只读方式打开 stu.dat 文件
    printf("\n name      NO.    score1   score2   score3   ave \n");
    printf("----------------------------------------------------- \n");    //输出表头
    for (i=0;i<SIZE;i++)                  //从文件读入数据并在屏幕输出
      {fread(&stud[i],sizeof(struct student),1,fp1);
        printf("%-10s %3d %7d %7d %7d %8.2f \n",stud[i].name,stud[i].num,
          stud[i].score[0],stud[i].score[1],stud[i].score[2],stud[i].ave);
      }
    fclose (fp1);
    return 0;
  }

void save(void)                          //向文件输出数据的函数
  {
    FILE *fp;
    int i;
    if ((fp=fopen("stu.dat","wb"))==NULL)
      {printf("The file can not open \n");
        return;
      }
    for(i=0;i<SIZE;i++)
      if (fwrite(&stud[i],sizeof(struct student),1,fp)!=1)
        {printf("file write error \n");
```

```
        return;
      }
    fclose(fp);
  }
```

运行结果：

<u>Zhang 101 77 78 98</u> ↙
<u>Li 102 67 78 88</u> ↙
<u>Wang 103 89 99 97</u> ↙
<u>Wei 104 77 76 98</u> ↙
<u>Tan 105 78 89 97</u> ↙

name	No.	score1	score2	score3	ave
Zhang	101	77	78	98	84.33
Li	102	67	78	88	77.67
Wang	103	89	99	97	95.00
Wei	104	77	76	98	83.67
Tan	105	78	89	97	88.00

本程序用 save 函数将数据写到磁盘文件上,再从文件读回,然后用 printf 函数输出,从运行结果可以看到文件中的数据是正确的。

9.7　将习题 9.6"stud"文件中的学生数据,按平均分进行排序处理,将已排序的学生数据存入一个新文件"stu_sort"中。

解:解题思路:

方法一:N-S 图如图 9-3 所示。

编写程序如下:

```
#include < stdio.h >
#include < stdlib.h >
#define N 10
struct student
  { char num[10];
    char name[8];
    int score[3];
    float ave;
  } st[N],temp;

int main()
  {FILE * fp;
    int i,j,n;
```

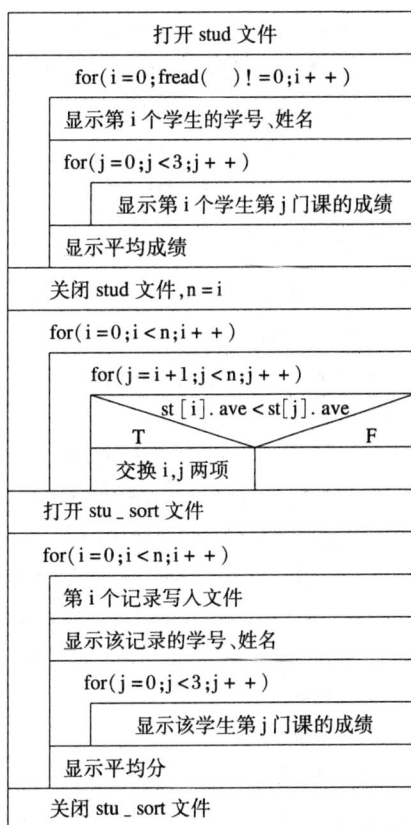

图　9-3

```c
    //读文件
if ((fp = fopen("stud","r")) ==NULL)
  {printf("can not open. \n");
   exit(0);
  }
printf("File 'stud': ");
for (i =0;fread(&st[i],sizeof(struct student),1,fp)! =0;i ++)
  {printf("\n%8s%8s",st[i].num,st[i].name);
   for (j =0;j <3;j ++)
     printf("%8d",st[i].score[j]);
     printf("%10.2f",st[i].ave);
  }
printf("\n");
fclose(fp);
n =i;

    //排序
for (i =0;i <n;i ++)
   for (j =i +1;j <n;j ++)
    if (st[i].ave < st[j].ave)
      {temp = st[i];
       st[i] = st[j];
       st[j] = temp;
      }

    //输出
printf("\nNow:");
fp = fopen("stu_sort","w");
for (i =0;i <n;i ++)
  {fwrite(&st[i],sizeof(struct student),1,fp);
   printf("\n%8s%8s",st[i].num,st[i].name);
   for (j =0;j <3;j ++)
     printf("%8d",st[i].score[j]);
     printf("%10.2f",st[i].ave);
  }
printf("\n");
fclose(fp);
return 0;
}
```

运行结果：

```
File 'stud':
```

110	Li	90	89	88	89.00
120	Wang	80	79	78	79.00
130	Chen	70	69	68	69.00
140	Ma	100	99	98	99.00
150	Wei	60	59	58	59.00

Now:

140	Ma	100	99	98	99.00
110	Li	90	89	88	89.00
120	Wang	80	79	78	79.00
130	Chen	70	69	68	69.00
150	Wei	60	59	58	59.00

方法二: 与题9.6的方法二相应,可以接着使用下面的程序来实现本题要求。

```c
#include <stdio.h>
#include <stdlib.h>
#define SIZE 5
struct student
  {
    char name[10];
    int num;
    int score[3];
    float ave;
  } stud[SIZE],work;


int main()
  {void sort(void);
   int i;
   FILE * fp;
   sort();
   fp = fopen("stud_sort.dat","rb");
   printf("sorted student's scores list as follow \n");
   printf("---------------------------------------------------------------- \n");
   printf(" NAME     NO.    SCORE1   SCORE2   SCORE3    AVE    \n");
   printf("---------------------------------------------------------------- \n");
   for (i = 0;i < SIZE;i ++)
     { fread(&stud[i],sizeof(struct student),1,fp);
       printf ("% -10s %3d %8d %8d %8d %9.2f \n",stud[i].name,stud[i].num,
           stud[i].score[0],stud[i].score[1],stud[i].score[2],
           stud[i].ave);
     }
   fclose(fp);
   return 0;
  }
```

```
void sort(void)
  {FILE * fp1, * fp2;
    int i,j;
    if ((fp1 = fopen("stu.dat","rb")) ==NULL)
      {printf("The file can not open \n \n");
        exit(0);
      }
    if ((fp2 = fopen("stud_sort.dat","wb")) ==NULL)
      {printf("The file write error \n");
        exit(0);
      }
    for (i =0;i <SIZE;i ++)
      if (fread(&stud[i],sizeof(struct student),1,fp1)! =1)
        {printf("file read error \n");
          exit(0);
        }
    for (i =0;i <SIZE;i ++)
      {for (j =i +1;j <SIZE;j ++)
        if (stud[i].ave <stud[j].ave)
          {work =stud[i];
            stud[i] =stud[j];
            stud[j] =work;
          }
        fwrite(&stud[i],sizeof(struct student),1,fp2);
      }
    fclose(fp1);
    fclose(fp2);
  return 0;
  }
```

运行结果：

```
sorted student's scores list is as follows
-----------------------------------------------------------
NAME    No.   SCORE1   SCORE2   SCORE3   AVE
-----------------------------------------------------------
Wang    103    89       99       97      95.00
Tan     105    78       89       97      88.00
Zhang   101    77       78       98      84.33
Wei     104    77       76       98      83.67
Li      102    67       78       88      77.67
```

9.8 将习题9.7已排序的学生成绩文件进行插入处理。插入一个学生的3门课程成绩,程序先计算新插入学生的平均成绩,然后将它按成绩高低顺序插入,插入后建立一个新文件。

解：N-S 图如图 9-4 所示。

编写程序如下：

输入待插入的学生的数据
计算其平均分
打开 stu_sort 文件
从该文件读入数据并显示出来
确定插入的位置 t
向文件输出前面 t 个学生的数据并显示
向文件输出待输入的学生数据并显示
向文件输出 t 后面的学生数据并显示
关闭文件

图　9-4

```c
#include<stdio.h>
#include<stdlib.h>
struct student
  { char num[10];
    char name[8];
    int score[3];
    float ave;
  } st[10],s;

int main()
  { FILE *fp,*fp1;
    int i,j,t,n;
    printf("\nNO.:");
    scanf("%s",s.num);
    printf("name:");
    scanf("%s",s.name);
    printf("score1,score2,score3:");
    scanf("%d,%d,%d",&s.score[0],&s.score[1],&s.score[2]);
    s.ave=(s.score[0]+s.score[1]+s.score[2])/3.0;

      //从文件读数据
    if((fp=fopen("stu_sort","r"))==NULL)
      {printf("can not open file.");
       exit(0);
      }
    printf("original data:\n");
      for (i=0;fread(&st[i],sizeof(struct student),1,fp)!=0;i++)
        {printf("\n%8s%8s",st[i].num,st[i].name);
          for (j=0;j<3;j++)
            printf("%8d",st[i].score[j]);
         printf("%10.2f",st[i].ave);
        }

    n=i;
    for (t=0;st[t].ave>s.ave && t<n;t++);

      //向文件写数据
    printf("\nNow:\n");
    fp1=fopen("sort1.dat","w");
    for (i=0;i<t;i++)
      {fwrite(&st[i],sizeof(struct student),1,fp1);
       printf("\n %8s%8s",st[i].num,st[i].name);
       for (j=0;j<3;j++)
         printf("%8d",st[i].score[j]);
```

```
        printf("%10.2f",st[i].ave);
      }
    fwrite(&s,sizeof(struct student),1,fp1);
    printf("\n %8s %7s %7d %7d %7d%10.2f",s.num,s.name,s.score[0],
        s.score[1],s.score[2],s.ave);

    for (i=t;i<n;i++)
      {fwrite(&st[i],sizeof(struct student),1,fp1);
      printf("\n %8s%8s",st[i].num,st[i].name);
      for(j=0;j<3;j++)
        printf("%8d",st[i].score[j]);
        printf("%10.2f",st[i].ave);
      }
    printf("\n");
    fclose(fp);
    fclose(fp1);
  return 0;
  }
```

运行结果：

No.: <u>160</u>↙
name: <u>Tan</u>↙
score1,score2,score3: <u>98,97,98</u>↙
Original data:

140	Ma	100	99	98	99.00
110	Li	90	89	88	89.00
120	Wang	80	79	78	79.00
130	Chen	70	69	68	69.00
150	Wei	60	59	58	59.00

Now:

140	Ma	100	99	98	99.00
160	Tan	98	97	98	97.67
110	Li	90	89	88	89.00
120	Wang	80	79	78	79.00
130	Chen	70	69	68	69.00
150	Wei	60	59	58	59.00

为节省篇幅，本题和题9.9不再给出题9.7"方法二"的程序，请读者自己编写程序。

9.9　习题9.8结果仍存入原有的"stu_sort"文件而不另建立新文件。

解：编写程序如下：

```
#include<stdio.h>
#include<stdlib.h>
struct student
  {
    char num[10];
    char name[8];
```

```
        int score[3];
        float ave;
        }st[10],s;

int main()
    {FILE * fp;
    int i,j,t,n;
    printf("\nNO.:");
    scanf("%s",s.num);
    printf("name:");
    scanf("%s",s.name);
    printf("score1,score2,score3:");
    scanf("%d,%d,%d",&s.score[0],&s.score[1],&s.score[2]);
        s.ave = (s.score[0] + s.score[1] + s.score[2])/3.0;


        //从文件读数据
    if((fp = fopen("stu_sort","r")) == NULL)
        {printf("can not open file.");
        exit(0);
        }
    printf("original data:");
    for (i = 0;fread(&st[i],sizeof(struct student),1,fp)!= 0;i ++)
        {printf("\n%8s%8s",st[i].num,st[i].name);
        for (j = 0;j < 3;j ++)
            printf("%8d",st[i].score[j]);
            printf("%10.2f",st[i].ave);
        }
    fclose(fp);
        //向文件写数据
    n = i;
    for (t = 0;st[t].ave > s.ave && t < n;t ++);
    printf("\nNow:\n");
    if((fp = fopen("stu_sort","w")) == NULL)
        {printf("can not open file.");
        exit(0);
        }
    for (i = 0;i < t;i ++)
        {fwrite(&st[i],sizeof(struct student),1,fp);
        printf("\n %8s%8s",st[i].num,st[i].name);
        for (j = 0;j < 3;j ++)
            printf("%8d",st[i].score[j]);
        printf("%10.2f",st[i].ave);
        }
    fwrite(&s,sizeof(struct student),1,fp);
    printf("\n%  9s%8s%8d%8d%8d%10.2f",s.num,s.name,s.score[0],
```

```
              s.score[1],s.score[2],s.ave);
        for (i=t;i<n;i++)
          {fwrite(&st[i],sizeof(struct student),1,fp);
          printf("\n %8s%8s",st[i].num,st[i].name);
          for(j=0;j<3;j++)
              printf("%8d",st[i].score[j]);
          printf("%10.2f",st[i].ave);
          }
      printf("\n");
      fclose(fp);
      return 0;
    }
```

运行结果：

No.:   160↙
name: Hua↙
score1,score2,score3:   78,89,91↙
original data:
      140   Ma   100   99   98   99.00
      110   Li   90   89   88   89.00
      120   Wang   80   79   78   79.00
      130   Chen   70   69   68   69.00
      150   Wei   60   59   58   59.00
Now:
      140   Ma   100   99   98   99.00
      110   Li   90   89   88   89.00
      160   Hua   78   89   91   86.00
      120   Wang   80   79   78   79.00
      130   Chen   70   69   68   69.00
      150   Wei   60   59   58   59.00

9.10   有一磁盘文件"employee"，内存放职工的数据。每个职工的数据包括职工姓名、职工号、性别、年龄、住址、工资、健康状况、文化程度。今要求将职工名、工资的信息单独抽出来另建一个简明的职工工资文件。

解：解题思路：N-S 图如图 9-5 所示。
编写程序如下：

```
#include<stdio.h>
#include<stdlib.h>
#include<string.h>
struct employee
  { char    num[6];
    char    name[10];
    char    sex[2];
    int     age;
```

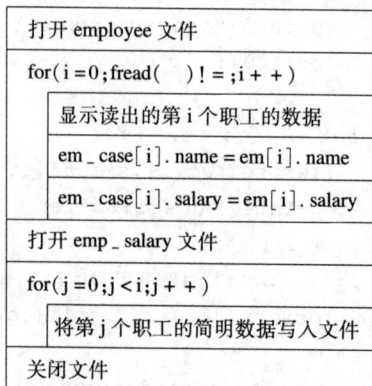

打开 employee 文件
for(i=0;fread( )!= ;i++)
显示读出的第 i 个职工的数据
em_case[i].name=em[i].name
em_case[i].salary=em[i].salary
打开 emp_salary 文件
for(j=0;j<i;j++)
将第 j 个职工的简明数据写入文件
关闭文件

图 9-5

```
          char    addr[20];
          int     salary;
          char    health[8];
          char    class[10];
      } em[10];

struct emp
  { char name[10];
    int  salary;
  }em_case[10];

int main()
  { FILE * fp1, * fp2;
    int i,j;
    if ((fp1 = fopen("employee","r")) ==NULL)
      {printf("can not open file. \n");
       exit(0);
      }
    printf("\n NO.  name sex  age   addr   salary  health class \n");
    for (i = 0; fread(&em[i], sizeof(struct employee),1,fp1) ! = 0; i ++)
      { printf("\n%4s%8s%4s%6d%10s%6d%10s%8s",em[i].num,em[i].name,em[i]
          .sex,em[i].age,em[i].addr,em[i].salary,em[i].health,em[i].class);
        strcpy(em_case[i].name,em[i].name);
        em_case[i].salary = em[i].salary;
      }
    printf("\n \n *********************************");
    if((fp2 = fopen("emp_salary","wb")) ==NULL)
      {printf("can not open file \n");
       exit(0);
      }
    for (j = 0; j < i; j ++)
      {if(fwrite(&em_case[j], sizeof(struct emp),1,fp2) ! =1)
        printf("error!");
      printf("\n  %12s%10d",em_case[j].name,em_case[j].salary);
      }
    printf("\n *********************************");
    fclose(fp1);
    fclose(fp2);
    return 0;
  }
```

运行结果:

```
No.  name sex age   addr    salary health   class
101  Li    m  23   Beijing   670    good    P.H.D.
102  Wang  f  45   Shanghai  780    bad     master
103  Ma    m  32   Tianjin   650    good    univ.
104  Liu   f  56   Chengdu   540    pass    college
```

```
**********************************
    Li       670
    Wang     780
    Ma       650
    Liu      540
**********************************
```

💡 **说明**：数据文件 employee 是事先建立好的，其中已有职工数据，而 emp_salary 文件则是由程序建立的。

建立 employee 文件的程序如下：

```c
#include < stdio.h >
#include < stdlib.h >
struct emploee
  { char    num[6];
    char    name[10];
    char    sex[2];
    int     age;
    char    addr[20];
    int     salary;
    char    health[8];
    char    class[10];
  }em[10];


int main()
  {
    FILE * fp;
    int i;
    printf("input NO., name, sex, age, addr, salary, health, class \n");
    for (i = 0; i < 4; i ++)
      scanf(" %s %s %s %d %s %d %s %s", em[i].num, em[i].name, em[i].sex,
          &em[i].age, em[i].addr, &em[i].salary, em[i].health, em[i].class);

      //将数据写入文件
    if((fp = fopen("employee", "w")) == NULL)
      {printf("can not open file.");
        exit(0);
      }
    for (i = 0; i < 4; i ++)
      if(fwrite(&em[i], sizeof(struct employee), 1, fp) != 1)
        printf("error \n");
    fclose(fp);
    return 0;
  }
```

在运行此程序时从键盘输入 4 个职工的数据,程序将它们写入 employee 文件。在运行前面一个程序时从 employee 文件中读出数据并输出到屏幕,然后建立一个简明文件,同时在屏幕上输出。

9.11 从习题 9.10 的"职工工资文件"中删去一个职工的数据,再存回原文件。

解:N-S 图如图 9-6 所示。

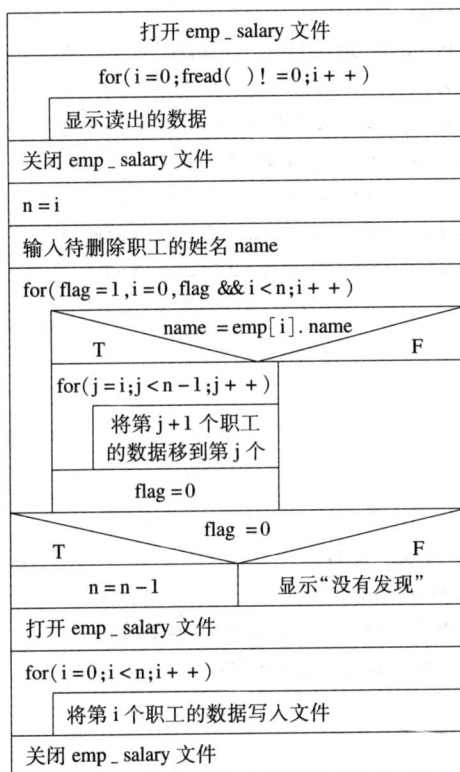

图 9-6

编写程序如下:

```
#include<stdio.h>
#include<stdlib.h>
#include<string.h>
struct employee
  { char   name[10];
    int    salary;
  }emp[20];

int main()
  { FILE * fp;
    int i,j,n,flag;
    char name[10];
    if ((fp = fopen("emp_salary","rb")) ==NULL)
      {printf("can not open file. \n");
```

```
        exit(0);
      }
    printf("\noriginal data:\n");
    for (i=0;fread(&emp[i],sizeof(struct employee),1,fp)!=0;i++)
        printf("\n  %8s  %7d",emp[i].name,emp[i].salary);
    fclose(fp);
    n=i;
    printf("\ninput name deleted:\n");
    scanf("%s",name);
    for (flag=1,i=0;flag && i<n;i++)
      {if (strcmp(name,emp[i].name)==0)
         {for (j=i;j<n-1;j++)
            {strcpy(emp[j].name,emp[j+1].name);
             emp[j].salary=emp[j+1].salary;
            }
          flag=0;
         }
      }
    if(!flag)
      n=n-1;
    else
      printf("\nnot found!");
    printf("\nNow,The content of file:\n");
    if((fp=fopen("emp_salary","wb"))==NULL)
      {printf("can not open file \n");
        exit(0);
      }
    for (i=0;i<n;i++)
        fwrite(&emp[i],sizeof(struct employee),1,fp);
    fclose(fp);
    fp=fopen("emp_salary","r");
    for (i=0;fread(&emp[i],sizeof(struct employee),1,fp)!=0;i++)
        printf("\n%8s  %7d",emp[i].name,emp[i].salary);
    printf("\n");
    fclose(fp);
    return 0;
  }
```

运行结果：

```
original data:
Li       670
Wang     780
Ma       650
Liu      540
input name deleted: Ma↙
```

```
Now,the content of file:
    Li      670
    Wang    780
    Liu     540
```

9.12　从键盘输入若干行字符(每行长度不等),输入后把它们存储到一磁盘文件中。再从该文件中读入这些数据,将其中小写字母转换成大写字母后在显示屏上输出。

解:N-S 图如图 9-7 所示。

编写程序如下:

```
#include<stdio.h>
int main()
  { int i,flag;
    char str[80],c;
    FILE *fp;
    fp=fopen("text","w");
    flag=1;
    while(flag==1)
      {printf("input string:\n");
       gets(str);
       fprintf(fp,"%s ",str);
       printf("continue?");
       c=getchar();
       if ((c=='N')||(c=='n'))
         flag=0;
       getchar();
      }
    fclose(fp);
    fp=fopen("text","r");
    while(fscanf(fp,"%s",str)!=EOF)
      {for (i=0;str[i]!='\0';i++)
         if ((str[i]>='a') && (str[i]<='z'))
           str[i]-=32;
       printf("%s\n",str);
      }
    fclose(fp);
    return 0;
  }
```

图 9-7 的 N-S 图:

打开文件
while(flag==1)
输入字符串
将该字符串写入文件
不输入　T　　　　F
flag=0
指针移到开始位置(文件头)
while(fscanf()!=EOF)
for(i=0;str[i]!='\0';i++)
小写　T　　　　F
str[i]-=32
输出字符串
关闭文件

图　9-7

运行结果:

```
input string: computer.↙
continue? y↙
input string: student.↙
continue? y↙
input string: word.↙
continue? n↙
```

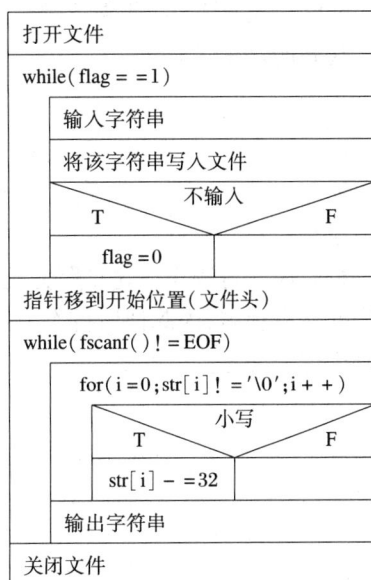

```
COMPUTER.
STUDENT.
WORD.
```

此程序运行结果是正确的,但是如果输入的字符串中包含了空格,就会发生一些问题,例如输入:

input string: <u>i am a student.</u>↙

得到的结果是:

```
I
AM
A
STUDENT.
```

把一行分成几行输出。这是因为用 fscanf 函数从文件读入字符串时,把空格作为一个字符串的结束标志,因此把该行作为 4 个字符串来处理,分别输出在 4 行上。请读者考虑怎样解决这个问题。

第二部分

常见错误分析和程序调试

第10章

常见错误分析

C 语言的功能强,使用方便灵活,所以得到了广泛的使用,它使程序设计人员有发挥聪明才智、显示编程技巧的机会。一个有经验的 C 程序设计人员可以编写出能解决复杂问题的、可靠性好、运行效率高的、通用性强、容易维护的高质量程序。

C 程序是由函数构成的,利用标准库函数和自己设计的函数可以完成许多功能。善于利用函数,可以实现程序的模块化,将许多函数组织成一个大的程序。正因为如此,C 语言受到越来越广泛的重视,从初学者到高级软件人员,都在学习 C,使用 C。

但是要真正学好 C,用好 C,并不容易,"灵活"固然是好事,但也使人难以掌握,尤其是初学者往往出了错还不知怎么回事。C 编译程序对语法的检查不如其他高级语言那样严格(这是为了给程序人员留下"灵活"的余地)。因此,往往要由程序设计者自己设法保证程序的正确性。调试一个 C 程序要比调试一个 Pascal 或 FORTRAN 程序更困难一些,需要不断积累经验,提高程序设计和调试程序的水平。

作者根据多年来从事 C 程序设计教学的经验,将初学者在学习和使用 C 语言时容易犯的错误总结归纳如下,以帮助读者尽量避免重犯这些错误。这些内容其实在教材的各章中大多都曾提到过,为便于编程和调试程序时查阅,在这里集中列举,供初学者参考,以此为鉴。

(1) 忘记定义变量。

例如:

```
int main()
  { x = 3;
   y = 6;
   printf("%d\n", x + y);
  }
```

C 要求对程序中用到的每一个变量都必须先定义,在程序编译时对已定义的变量进行存储空间的分配。上面程序中没有对 x,y 进行定义。应在函数体的开头加

```
int x,y;
```

这是学过 BASIC 和 FORTRAN 语言的读者写 C 程序时常见的一个错误。在 BASIC 语言中,允许不必先定义变量就可直接使用。在 FORTRAN 语言中,未经定义的变量按隐含

的 I－N 规则决定其类型，而 C 语言则要求对用到的每一个变量进行强制定义（在本函数中定义或直接定义为外部变量）。

（2）输入输出的数据的类型与所用格式说明符不一致。

例如，若 a 已定义为 int 型，b 已定义为 float 型：

```
int a =3;
float b =4.5;
printf("%f %d\n",a,b);
```

编译时不给出出错信息，但运行结果将与原意不符，在 Visual C++ 环境中运行的结果为

```
0.000000 1074921472
```

在 Turbo C 2.0 环境中运行的结果为

```
0.000000 16402
```

它们并不是按照赋值的规则进行转换（如把实数 4.5 转换成整数 4），而是将数据在存储单元中的形式按格式符的要求组织输出（如 b 在内存中占 4 个字节，按浮点数方式存储，今将其在内存中的二进制存储形式按整数格式组织输出。用 Turbo C 时，由于整数只占 2 个字节，所以只把变量 b 在内存中最后 2 个字节中的二进制数按 %d 要求作为整数输出）。

这种情况下的输出结果往往是不可预测的。在调试程序时，如遇到输出的结果是莫名其妙的，应首先考虑是否输出格式符有问题。

（3）未注意整型数据的数值范围。Turbo C 2.0 编译系统对一个整型数据分配 2 个字节。因此一个整数的范围为 $-2^{15} \sim 2^{15} -1$，即 $-32768 \sim 32767$。常见这样的程序段：

```
int num;
num =89101;
printf("%d",num);
```

在 Turbo C 2.0 中得到的却是 23565，原因是 89101 已超过 32767。2 个字节容纳不下 89101，则将高位截去，见图 10-1，即将超过低 16 位的数截去，也即将 89101 减去 2^{16}（即 16 位二进制所形成的模）：89101 $-65536 =23565$。

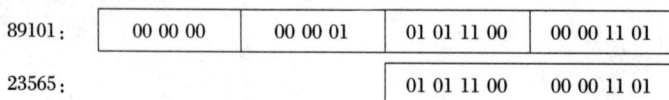

89101:	00 00 00	00 00 01	01 01 11 00	00 00 11 01
23565:			01 01 11 00	00 00 11 01

图　10-1

如果用 Visual C++ 6.0，把 num 定义成 short 类型（占 2 个字节）时，也会出现以上情况。

有时明明是个正数，却输出一个负数。例如：

```
short num =196607;
printf("%d\n".num);
```

输出得 -1。因为 196607 的二进制形式为

0000000000000010	1111111111111111

即舍弃了高字节的 16 位(10),只输出低 16 位的值,是 −1(−1 的补码是 1111111111111111)。

对于超过短整数范围的数,要用 int 型,即改为

```
int num =196607;
printf("%d",num)
```

即可得到正确结果。

(4) 在输入语句 scanf 中忘记使用变量的地址符。

例如:

```
scanf("%d%d",a,b);
```

这是许多初学者刚学习 C 语言时一个常见的疏忽,或者说是习惯性的错误,因为在其他语言中在输入时只须写出变量名即可,而 C 语言要求指明“向哪个地址标识的单元赋值”。应写成

```
scanf("%d%d",&a,&b);
```

(5) 在用 scanf 函数输入双精度浮点数时,用了"%f"格式声明。例如:

```
double num;
scanf("%f",&num);
```

如果在运行时输入的数据为

14.65↙

用以下 printf 函数输出

```
printf("%f\n",num);
```

在 Visual C++6.0 环境下运行的输出结果是

−9255960464857619100000000000000000000000000000000000000000.000000

结果显然不对。有不少初学者怎么也找不出问题所在,问题出在用"%f"输入。因为定义了 num 为双精度变量,系统对它按 8 个字节的浮点数格式处理,但在 scanf 函数中指定"%f"是针对单精度数据的,按 4 个字节的浮点数格式接收。二者不匹配,故产生错误。应该在格式字符'f'之前加一个字母'l',即"%lf"(表示长实数)就对了。即:

```
double num;
scanf("%lf",&num);
printf("%lf\n",num);
```

输出时用"%lf"或"%f"都可以。但如果要求保证较多的有效数字,应该用"%lf"。

(6) 输入数据的形式与要求不符。

用 scanf 函数输入数据,应注意如何组织输入数据。假如有以下 scanf 函数:

```
scanf("%d %d",&a,&b);
```

有人按下面的方法输入数据：

3,4↙

这是错的。数据间应该用空格（或 Tab 键，或回车符）来分隔。读者可以用

```
printf("%d %d",a,b);
```

来验证一下。

应该用以下方法输入：

3 4↙

如果 scanf 函数改为

```
scanf("a =%d,b =%d",&a,&b);
```

对 scanf 函数中格式字符串中除了格式说明符外，其他字符必须按原样输入。因此，应按以下方法输入：

a =3,b =4↙

还应注意，不能企图用

```
scanf("input a & b:%d,%d",&a,&b);
```

想在屏幕上显示一行信息：

```
input a & b;
```

然后在其后输入 a 和 b 的值，这是不行的。如果想在屏幕上得到所需的提示信息，可以另加一个 printf 函数语句：

```
printf("input a & b:");
scanf("%d,%d",&a,&b);
```

执行时情况如下：

input a & b: 3,4↙

（7）误把" ="作为"等于"运算符。

许多人习惯性地用数学上的等于号" ="作为 C 程序中的关系运算符"等于"。而在 C 语言中，" = ="才是关系运算符"等于"。常见有人写出如下的 if 语句：

```
if(score =100)n ++;
```

本意是想统计 score 为 100 分的人数，当 score 等于 100 时就使 n 加 1。但 C 编译系统将" ="作为赋值运算符，将"score =100"作为赋值表达式处理，把 100 赋给 score，作为 score 的新值。if 语句检查 score 是否为零。若为非零，则作为"真"；若为零作为"假"。今 score 经过赋值之后显然不等于 0，因此总执行 n ++，不论 score 的原值是什么，都使 n 的值加 1。

这种错误在编译时是检查不出来的，但运行结果往往是错的。而且由于习惯的影响，

在检查源程序时,往往设计者自己是不易发觉的。

(8) 语句后面漏分号。

C 语言规定语句末尾必须有分号。分号是 C 语句不可缺少的一部分,这也是和其他语言不同的。有的初学者往往忘记写这个分号。例如:

```
a = 3
b = 4;
```

在程序编译时,编译系统在"a = 3"后面未发现分号,就接着检查下一行有无分号。把"4"也作为上一行的语句的一部分,这就出现语法错误。由于在第 2 行才能判断语句有错,所以编译系统指出"在第 2 行有错",但用户在第 2 行却未发现错误。这时应该检查上一行是否漏了分号。

尤其在 if-else 语句中常漏写分号,如:

```
if (a > b) printf("%d\n",a)          //本行末应有分号
else printf("%d\n");
```

可能他认为整个 if-else 是一个完整的语句,只要在最后有一个分号即可。但是 if 语句内的内嵌语句(printf 语句)也是一个语句,当然应加分号。

如果用复合语句,有的学过 Pascal 语言的读者往往漏写最后一个语句的分号,例如:

```
{ t = a;
  a = b;
  b = t
}
```

在 Pascal 中分号是两个语句间的分隔符而不是语句的一部分,而在 C 语言中,没有分号的就不是语句。

(9) 在不该加分号的地方加了分号。

例如:

```
if(a > b);
   printf("a is larger than b\n");
```

本意是:当 a > b 时输出"a is larger than b"的信息。但由于在 if(a > b)后加了分号,因此 if 语句到此结束。即当 a > b 为真时,执行一个空语句。本来想 a≤b 时不输出上述信息,但现在 printf 函数语句并不从属于 if 语句,而是与 if 语句平行的语句。不论 a > b 还是 a≤b,都输出"a is larger than b"。

又如:

```
for(i = 0;i < 10;i ++);
  {  scanf("%d",&x);
     printf("%d\n",x * x);
  }
```

本意是先后输入 10 个数,每输入一个数后输出它的平方值。由于在 for( )后不经意地加

了一个分号，使循环体变成了空语句。执行 for 语句的效果只是使变量 i 的值由 0 变为 10。然后输入一个整数并输出它的平方值。

这种错误往往发生在不熟悉 C 语法的初学者身上。

要注意在 if, for, while 语句中，不要画蛇添足，多加分号。

（10）对应该有花括号的复合语句，忘记加花括号。例如：

```
sum = 0;
i = 1;
while(i <= 100)
    sum = sum + i;
    i++;
```

本意是实现 $1 + 2 + \cdots + 100$，即 $\sum_{i=0}^{100} i$，但上面的语句只是重复了 sum + i 的操作，而且循环永不终止，因为 i 的值始终没有改变。错误在于没有写成复合语句形式。因此，上面的 while 语句的范围只包括它下面一行（到其后第一个分号为止）。语句"i++;"不属于循环体范围之内。应改为

```
while(i <= 100)
  { sum = sum + i;
    i++;
  }
```

（11）括号不配对。

当一个语句中使用多层括号时常出现这类错误，纯属粗心所致。例如：

```
while((c = getchar( ) != '#')
  putchar(c);
```

少了一个右括号。遇到括号多的情况，要细心检查。

（12）在用标识符时，混淆了大写字母和小写字母的区别。

例如：

```
int main()
  { int num;
    scanf("%d",&Num);
    printf("%d\n",Num);
  }
```

编译时出错。编译程序把 num 和 Num 认为是两个不同的变量名处理，认为"变量 Num 未经定义"，出错。

（13）标准函数名或类型名误用了大写字母。

系统提供的类型标识符和标准函数名都用小写字母，如果在程序中不小心用了大写字母就会出错。如：

```
Int a = 3,b = 5;
Printf{"%d,%d\n",a,b};
```

编译通不过,不能判定 Int 和 Printf 是什么含义。

(14) 引用数组元素时误用了圆括号。

例如:

```
int i,a(10);
for(i =0;i <10;i ++)
    scanf("%d",&a(i));
```

C 语言中对数组的定义或引用数组元素时必须用方括号。

(15) 在定义数组时,将定义的"元素个数"误认为是"可使用的最大下标值"。

例如:

```
int main()
{   int a[10] ={1,2,3,4,5,6,7,8,9,10};
    int i;
    for(i =1;i <=10;i ++)
        printf("%d ",a[i]);
}
```

编程者想输出 a[1] ~ a[10]这 10 个元素,这是不可能的。C 语言规定在定义数组时用 a[10],表示 a 数组有 10 个元素,而不是可以用的最大下标值为 10。在 C 语言中数组的下标是从 0 开始的,因此,数组 a 只包括 a[0] ~ a[9]这 10 个元素,想引用 a[10]就超出 a 数组的范围了。值得注意的是,在程序编译时,C 编译系统对此并不报错,编译能通过,但运行结果不对。系统把 a[9]后面的存储单元作为 a[10]输出,这显然不是编程者的原意。由于编译系统不报错,有时编程者难以发现这类错误。要注意仔细分析运行结果。这是一些初学者常犯的错误。

(16) 对二维或多维数组的定义和引用的方法不对。

例如:

```
int a[5,4];
printf("%d",a[1 +2,2 +2]);
```

对二维数组和多维数组在定义和引用时必须将每一维的数据分别用方括号括起来。上面 a[5,4]应改为 a[5][4],a[1 +2,2 +2]应改为 a[1 +2][2 +2]。根据 C 的语法规则,在一个方括号中的是一个维的下标表达式,a[1 +2,2 +2]方括号中的"1 +2,2 +2"是一个逗号表达式,它的值是第二个数值表达式的值,即 2 +2 的值为 4。所以 a[1 +2,2 +2]相当于 a[4],而 a[4]是 a 数组的第 4 行的首地址。因此执行 printf 函数输出的结果并不是 a[3][4]的值,而是 a 数组第 4 行的首地址。

(17) 误以为数组名代表数组中全部元素。

例如:

```
int main()
    {   int a[4] ={1,3,5,7};
        printf("%d,%d,%d,%d\n",a);
    }
```

试图用数组名代表全部元素。在 C 语言中，数组名代表数组首地址，不能通过数组名输出全部元素的值。

（18）混淆字符数组与字符指针的区别。

例如：

```
int main()
  {  char str[4];
     str = "Computer and C";
     printf("%s\n",str););
  }
```

编译出错。str 是数组名，代表数组首地址。在编译时对 str 数组分配了一段内存单元，因此在程序运行期间 str 是一个常量，不能再被赋值。所以 str = "Computer and C" 是错误的。

如果把

```
char str[4];
```

改成

```
char str;
```

则程序正确。此时 str 是指向字符数据的指针变量，str = "Computer and C" 是合法的，它将字符串的首地址赋给指针变量 str，然后在 printf 函数语句中输出字符串"Computer and C"。

因此应当弄清楚字符数组与字符指针变量用法的区别。

（19）在引用指针变量之前没有对它赋予确定的值。例如：

```
int main()
{  char *p;
   scanf("%s",p);
      ⋮
}
```

没有给指针变量 p 赋值就引用它，编译时给出警告信息。其实指针变量 p 中不是空的，而必然是有值的（一个不可预测的值），这就意味着 p 实际上指向一个存储单元，只不过不知道是哪个单元而已。若 p 所指向的这个存储单元中是一个有用的存储单元，已存放了有用的数据，这时有可能出现意想不到的后果。如果执行上面的 scanf 语句，就会将一个字符串输入到此存储单元开始的一段存储空间，这就改变了这段存储空间的原有状况，有可能破坏了系统的工作环境，产生灾难性的后果，十分危险。应当改为

```
char p,c[20];
p = c;
scanf("%s",p);
```

即先根据需要定义一个字符数组 c，然后将 c 数组的首地址赋给指针变量 p，此时 p 就有了确定的值，指向数组 c 的首元素。再执行 scanf 函数就没有问题了，把从键盘输入的字符串存放到字符数组 c 中。

（20）switch 语句的各分支中没有 break 语句。

例如：

```
switch(score)
{   case 5: printf("Very good!");
    case 4: printf("Good!");
    case 3: printf("Pass!");
    case 2: printf("Fail!");
    default: printf("Data error!");
}
```

上述 switch 语句的原意是希望根据 score(成绩)输出评语。但当 score 的值为 5 时，输出为

```
Very good! Good! Pass! Fail! Data error!
```

原因是漏写了 break 语句。case 只起标号的作用,而不起判断作用,因此在执行完第一个 printf 语句后接着执行第 2,3,4,5 个 printf 语句。应改为

```
switch(score)
  {   case 5: printf("Very good!");break;
      case 4: printf("Good!");break;
      case 3: printf("Pass!");break;
      case 2: printf("Fail!");break;
      default: printf("Data error!");
  }
```

（21）混淆字符和字符串的表示形式。

例如：

```
char sex;
sex = "M";
    ⋮
```

sex 是字符变量,只能存放一个字符。而字符常量的形式是用单撇号括起来的,"M" 是用双撇号括起来的字符串,它包括两个字符: 'M'和'\0',无法存放到字符变量 sex 中。应改为

```
sex = 'M';
```

（22）使用自加(++)和自减(--)运算符时容易出的错误。

例如：

```
int main()
  {   int *p,a[5] = {1,3,5,7,9};
      p = a;
      printf("%d\n",*p++);
      return 0;
  }
```

有的读者认为" *p++ "的作用是先使 p 加 1,即指向序号为 1 的元素 a[1]处,然后输出

a[1]的值3。其实，由于"＊"和"＋＋"运算符的优先级相同，而其结合方向为自右而左，因此应该先执行p＋＋,p＋＋的作用是先使用p的原值，输出＊p，然后再使p加1。p现在指向数组a的序号为0的元素a[0]，因此＊p就是a[0]的值1。结论是先输出a[0]的值，然后再使p加1。如果是＊(＋＋p)，则先使p的值加1，使p指向a[1]，然后输出a[1]的值。

在使用＋＋和－－运算符时，一定要避免歧义性，如无把握，宁可多加括号。如上面的＊p＋＋可改写为＊(p＋＋)。

(23) 在程序文件中，被调用的函数在主调函数的后面定义，而在调用前未作函数声明。

例如：

```
int main()
  {  float x,y,z;
     x=3.5;y=-7.6;
     z=max(x,y);
     printf("%f\n",z);
     return 0;
  }
float max(float x,float y)
  { return (z=x>y? x: y);
  }
```

这个程序乍看起来没有什么问题，但在编译时有出错信息。原因是max函数是在mian函数之后才定义的，也就是max函数的定义位置在main函数调用max函数之后。改错的方法可以用以下二者之一：

① 在main函数中增加一个对max函数的声明，即函数的原型：

```
int main()
  {  float max(float x,float y);                    //对max函数的声明
     float x,y,z;
     x=3.5;y=-7.6;
     z=max(x,y);
     printf("%f\n",z);
     return 0;
  }
```

② 将max函数的定义位置调到main函数之前。即：

```
float max(float x,float y)
  {return (z=x>y? x: y); }
int main()
  {  float x,y,z;
     x=3.5;y=-7.6;
     z=max(x,y);
     printf("%f\n",z);
```

```
        return 0;
    }
```

这样,编译时不会出错,程序运行结果是正确的。提倡用第①种方法,符合规范。

（24）函数声明与函数定义不匹配。

如已定义一个 fun 函数,其首行为

```
int fun(int x,float y,long z)
```

在主调函数中作下面的声明将出错。

```
fun(int x,float y,long z);                 //漏写函数类型
float fun(int x,float y,long z);           //函数类型不匹配
int fun(int x,int y,int z);                //参数类型不匹配
int fun(int x,float y);                    //参数数目不匹配
int fun(int x,long z,float y);             //参数顺序不匹配
```

下面的声明是正确的:

```
int fun(int x,float y,long z);
int fun(int,float,long);                   //可以不写形参名
int fun(int a,float b,long c);             //编译时不检查函数原型中的形参名
```

（25）在需要加头文件时没有用#include 指令去包含头文件。

例如:程序中用到 fabs 函数,没有用#include < math. h >,程序中用到输入输出函数,没有用#include < stdio. h >,诸如此类。

这是不少初学者常犯的错误。至于哪个函数应该用哪个头文件,可参阅主教材附录 E。

（26）误认为形参值的改变会影响实参的值。

例如:

```
int main()
    { void  swap(int x,int y);
      int a,b;
      a=3;b=4;
      swap(a,p);
      printf("%d,%d\n",a,b);
      return 0;
    }

void  swap(int x,int y)
    (int t;
      t=x;x=y;y=t;
    }
```

原意是通过调用 swap 函数使 a 和 b 的值对换,然后在 main 函数中输出已对换了值的 a 和 b。但是这样的程序是达不到此目的的。虽然在执行 swap 函数时,变量 x 和 y 的值互换了,但 a 和 b 单元的值没有变化。也就是说,形参变量的变化不会传送回实参,使实参

的值也发生变化。main 函数中的变量 a 和 b 的值并未改变。

如果想通过函数调用能使主调函数中得到一个以上的变化了的值,应该用指针变量。用指针变量作为函数参数,在调用的函数中使指针变量所指向的变量的值发生变化。此时变量的值确实改变了,在主调函数中当然可以利用这些已改变的值。例如:

```
int main()
    { int a,b, * p1, * p2;
      a = 3;b = 4;
      p1 = &a;p2 = &b;
      swap(p1,p2);
      printf("%d,%d\n",a,b);          //a 和 b 的值已对换
      return 0;
    }

void swap(int * pt1, int * pt2)
    { int t;
      t = * pt1; * pt1 = * pt2; * pt2 = t;
    }
```

(27) 函数的实参和形参类型不一致。

例如:

```
int main()
    { int a = 3,b = 4,c;
      c = fun(a,b);
        ⋮
    }

int fun(float x,float y)
    {
        ⋮
    }
```

实参 a,b 为整型,形参 x,y 为实型。a 和 b 的值传递给 x 和 y 时,x 和 y 得到的值并非 3 和 4,得不到正确的运行结果。C 要求实参与形参的类型一致。

如果在 main 函数中对 fun 作原型声明:

```
int fun (float, float);
```

程序可以正常运行,此时是赋值兼容,按不同类型间的赋值的规则处理,在虚实结合后 x = 3.0, y = 4.0。

(28) 不同类型的指针混用,没有注意指针的基类型。

例如:

```
int main()
    { int i = 3, * p1;
      float a = 1.5, * p2;
```

```
    p1 = &i;   p2 = &a;
    p2 = p1;
    printf("%d,%d\n", *p1, *p2);
    return 0;
}
```

试图使 p2 也指向 i,从而使 * p1 和 * p2 都是 3,实际上输出是

    3,0

显然不对了。问题出在指向实型变量的指针,不能指向整型变量。对于基类型不同的指针变量之间的赋值,应先进行强制类型转换,使之类型一致。例如:

```
    p2 = (float *)p1;
```

作用是先将 p1 的值转换成指向实型的指针,然后再赋给 p2。

这种情况在 C 程序中是常见的。例如,用 malloc 函数开辟内存单元,函数返回的是指向被分配内存空间的 void * 类型的指针。而人们希望开辟的是存放一个结构体变量值的存储单元,要求得到指向该结构体变量的指针,可以进行如下的类型转换:

```
struct Student
    {  int num;
       char name[20];
       float score;
    };
struct Student   student1, *p;
p = (struct Student *)malloc(LEN);
```

p 是指向 struct Student 结构体类型数据的指针,将 malloc 函数返回的 void * 类型指针转换成指向 struct Student 类型变量的指针。

(29) 没有注意系统对函数参数的求值顺序的处理方法。

例如,有以下语句:

```
i = 3;
printf("%d,%d,%d\n", i, ++i, ++i);
```

许多人认为输出必然是

    3,4,5

实际不尽然。在 Visual C++ 6.0 系统中输出是

    5,5,4

因为这些系统的处理方法是:按自右至左的顺序求函数参数的值。先求出最右面一个参数(++i)的值为 4,再求出第 2 个参数(++i)的值为 5,最后求出最左面的参数(i)的值 5。

如果改为下面的 printf 语句:

```
printf("%d,%d,%d\n", i, i ++, i ++);
```

在 Visual C++ 6.0 系统中输出是

```
3,3,3
```

求值的顺序仍然是自右而左，但是需要注意的是：对于 i++，什么时候执行 i 自加 1 的操作？由于 i++ 是"后自加"，是在执行完 printf 语句后再使 i 加 1，而不是在求出最右面一项的值（值为 3）之后 i 的值立即加 1，所以 3 个输出项的值都是 i 的原值。

  C 标准没有具体规定函数参数求值的顺序是自左至右还是自右至左。但每个 C 编译程序都有自己的顺序，在有些情况下，从左到右求解和从右到左求解的结果是相同的。例如：

```
fun1(a+b,b+c,c+a);
```

fun1 是一个函数名，有 3 个实参表达式：a+b，b+c，c+a。在一般情况下，自左至右地求这 3 个表达式的值和自右至左地求它们的值是一样的，但在前面举的例子中是不相同的。因此，应该使程序具有通用性，不会在不同的编译环境下得到不同的结果。不使用会引起二义性的用法。如果在上例中，希望输出"3,4,5"时，可以改用

```
i=3;   j=++i;   k=++j;
printf("%d.%d,%d\n",i,j,k);
```

(30) 混淆数组名与指针变量的区别。

例如：

```
int main()
  { int i,a[5];
    for(i=0;i<5;i++)
      scanf("%d",a++);
        ⋮
  }
```

试图通过 a 的改变使指针下移，每次指向下一个数组元素。它的错误在于不了解数组名代表数组首地址，它的值是不能改变的，用 a++ 是错误的，应当用指针变量来指向各数组元素。即：

```
int main()
  { int i,a[5],*p;
    p=a;
      for(i=0;i<5;i++)
        scanf("%d",p++);
          ⋮
  }
```

或

```
int main()
  { int a[5],*p;
    for(p=a;p<a+5;p++)
```

```
        scanf("%d",p);
            ⋮
    }
```

（31）混淆结构体类型与结构体变量的区别，对一个结构体类型赋值。
例如：

```
struct worker
    { long num;
      char name[20];
      char sex;
      int age;
    };
worker.num =87045;
strcpy(worker.name,"Zhangfan");
worker.sex = 'M';
worker.age =18;
```

这是错误的，struct worker 是类型名，它不是变量，不占存储单元。只能对结构体变量中
的成员赋值，而不能对类型中的成员赋值。上面的程序段未定义变量。应改为

```
struct worker
    { long num;
      char name[20];
      char sex;
      int age;
    };
struct worker   worker_1;
worker_1.num =187045;
strcpy(worker_1.name,"Zhangfan");
worker_1.sex = 'M';
worker_1.age =18;
```

今定义了结构体变量 worker_1，并对其中的各成员赋值，这是合法的。
（32）使用文件时忘记打开，或打开方式与使用情况不匹配。
例如，对文件的读写，用只读方式打开，却试图向该文件输出数据，例如：

```
if ((fp = fopen("test","r")) ==NULL)
    {printf("cannot open this file \n");
     exit(0);
    }
ch = fgetc(fp);
while(ch! = '#')
  {ch = ch +4;
   fputc(ch,fp);
   ch = fget(fp);
  }
```

对以"r"方式(只读方式)打开的文件,进行既读又写的操作,显然是不行的。

此外,有的程序常忘记关闭文件,虽然系统会自动关闭所用文件,但可能会丢失数据。因此必须在用完文件后关闭它。

以上只是列举了一些初学者常出现的错误,这些错误大多是对于 C 语法不熟悉之故。对 C 语言使用多了,比较熟练了,自然就不易犯这些错误了。在深入使用 C 语言后,还会出现其他一些更深入、更隐蔽的错误。希望读者能通过实践,逐步深入地掌握 C 语言的正确使用。

第11章

程序的调试与测试

11.1 程序的调试

所谓程序调试是指对程序的查错和排错。调试程序一般应经过以下几个步骤：

（1）在上机前先进行人工检查，即静态检查。在写好一个程序以后，不要匆匆忙忙上机，而应对纸面上的程序进行人工检查。这一步是十分重要的，它能发现程序设计人员由于疏忽而造成的多数错误。而这一步骤往往容易被人忽视。有人总希望把一切让计算机系统去做，但这样就会多占用机器时间。而且，作为一个程序人员应当养成严谨的科学作风，每一步都要严格把关，不把问题留给后面的工序。

为了更有效地进行人工检查，所编的程序应注意力求做到以下几点：①应当采用结构化程序方法编程，以增加可读性；②尽可能多加注释，以帮助理解每段程序的作用；③在编写复杂的程序时，不要将全部语句都写在 main 函数中，而要多利用函数，用一个函数来实现一个单独的功能。这样既易于阅读也便于调试，各函数之间除了用参数传递数据这一渠道以外，数据间尽量少出现耦合关系，便于分别检查和处理。

（2）在人工（静态）检查无误后，就可以上机调试程序。通过上机发现错误称动态检查。如果在编译时系统给出语法出错的信息（包括哪一行有错以及错误类型），可以根据提示的信息具体找出程序中出错之处并改正之。应当注意的是：有时提示的出错行并不是真正出错的行，如果在提示出错的行上找不到错误的话应当到上一行再找。

另外，有时提示出错的类型并非绝对准确，由于出错的情况繁多而且各种错误互有关联，因此要善于分析，找出真正的错误，而不要只从字面意义上死抠出错信息，钻牛角尖。

如果系统提示的出错信息多，应当从上到下逐一改正。有时显示出一大片出错信息往往使人感到问题严重，无从下手，其实可能只有一两个错误。例如，对所用的变量未定义，编译时就会对所有含该变量的语句发出出错信息，只要加上一个变量定义，所有错误就都消除了。

（3）在改正语法错误（包括"错误"（error）和"警告"（warning））后，程序经过连接（link）就得到可执行的目标程序（后缀一般为.exe）。运行程序，输入程序所需的数据，如果程序是正确的，就可以得到运行结果。应当对运行结果作分析，看它是否符合要求。有的初学者看到输出运行结果就认为没问题了，不作认真分析，这是危险的。

有时，数据比较复杂，难以立即判断结果是否正确。可以事先考虑好一批"试验数据"，输入这些数据可以得出容易判断正确与否的结果。例如，解方程 $ax^2 + bx + c = 0$，当输入 a,b,c 的值分别为 $1,-2,1$ 时，得到方程的根 x 的值是 1。很容易判断这是正确的，若根不等于 1，程序显然有错。

但是，用"试验数据"时，程序运行结果正确，还不能保证程序完全正确。因为有可能输入另一组数据时运行结果不对。例如，用 $x = \dfrac{-b \pm \sqrt{b^2 - 4ac}}{2a}$ 公式求根 x 的值，当 $a \neq 0$ 和 $b^2 - 4ac > 0$ 时，能得出正确结果；当 $a = 0$ 或 $b^2 - 4ac < 0$ 时，就得不到正确结果（假设程序中未对 $a = 0$ 作防御处理以及未作复数处理）。因此应当把程序可能遇到的多种方案都一一试到。例如，if 语句有两个分支，有可能在流程经过其中一个分支时结果正确，而经过另一个分支时结果不对，必须考虑周全。

事实上，当程序复杂时很难把所有的可能方案全部都试到，选择典型的情况做试验即可。

（4）运行结果不对，大多属于逻辑错误。对这类错误往往需要仔细检查和分析。

① 将程序与流程图（或伪代码）仔细对照，如果流程图正确，而程序写错了，是很容易发现的。例如，复合语句忘记加花括号，只要一对照流程图就能很快发现。

② 若在程序中没有发现问题，就要检查流程图有无错误，即算法有无问题，如有则改正，接着修改程序。

（5）有时有的错误很隐蔽，在纸面上难以查出，此时可以采用以下办法利用计算机帮助查出问题所在。

① 取"分段检查"的方法。在程序不同位置设几个 printf 语句，输出有关变量的值，以检查是否正常。逐段往下检查，直到找到在某一段中数据不对为止。这时就已经把错误局限在这一段中了。不断缩小"查错区"，就可能发现错误所在。

② 可以用"条件编译"指令进行程序调试。上面已说明，在程序调试阶段，往往要增加若干个 printf 语句检查有关变量的值。在调试完毕后，可以用条件编译指令，使这些语句行不被编译，当然也不会被执行。下面简单介绍怎样使用这种方法。

```
#define DEBUG 1                                //将标识符 DEBUG 定义为 1
    ⋮
#ifdef DEBUG                                    //如果标识符 DEBUG 已被定义过
    printf("x = %d,y = %d,z = %d\n",x,y,z);     //输出 x,y,z 的值
#endif                                          //条件编译作用结束
    ⋮
```

最后 3 行的作用是：如果标识符 DEBUG 已被定义过（不管定义的是什么值），在程序编译时，包含在 #ifdef 和 #endif 两行当中的 printf 语句正常地被编译。现在，第 1 行已有"#define DEBUG 1"，即标识符 DEBUG 已被定义过，所以当中的 printf 语句按正常情况进行编译，在运行时输出 x,y,z 的值，以便检查数据是否正确。在调试结束后，不需要这个 printf 语句了，只须把第 1 行"#define DEBUG 1"删去，再进行编译，由于此时标识符 DEBUG 未被定义过，因此不对当中的 printf 语句进行编译并执行，不输出 x,y,z 的值。在一个程序中可以在多处作这样的指定。只须在最前面用一个 #define 指令进行"统一控

制"，如同一个"开关"一样。用"条件编译"方法，不需要逐一删除这些 printf 语句，使用起来方便，调试效率高。

上面用 DEBUG 作为控制的标识符，但也可以用其他任何一个标识符，如用 A 代替 DEBUG 也可以。我们用 DEBUG 是为了"见名知意"，从中可清楚地知道这是为了调试程序而设的。

③ 有的系统还提供 debug（调试）工具，跟踪流程并给出相应信息，使用更为方便，请查阅有关手册。

总之，程序调试是一项细致深入的工作，需要下功夫，动脑子，善于积累经验。在程序调试过程中往往反映出一个人的水平、经验和科学态度，希望读者能给予足够的重视。上机调试程序的目的不是为了"验证程序的正确性"，而是为了"掌握调试的方法和技术"。

11.2　程序错误的类型

为了帮助读者调试程序和分析程序，下面简单介绍程序出错的种类：

（1）语法错误。即不符合 C 语言的语法规定，例如将 printf 错写为 pintf、括号不匹配、语句最后漏了分号等。在程序编译时系统会对程序中每行作语法检查，凡不符合语法规定的系统都要发出"出错信息"。

"出错信息"有两类：一类是"致命错误（error）"，不改正是不能通过编译的，也不能产生目标文件 .obj，因此无法继续进行连接以产生可执行文件 .exe，必须找出错误并改正。

对一些在语法上有轻微毛病或可能影响程序运行结果精确性的问题（如定义了变量但始终未使用、将一个双精度数赋给一个单精度变量等），编译时发出"警告"（warning）。有"警告"的程序一般能够通过编译，产生 .obj 文件，并可通过连接产生可执行文件。但可能会对运行结果有些影响。例如：

```
float a,b,c,aver;
a =87.5;
b =64.6;
c =89.0;
aver = (a +b +c)/3.0;
```

在编译时，会指出有 4 个警告（warning），分别在第 2,3,4,5 行，Visual C++ 6.0 给出的警告信息是"truncation from " const double" to " float""（数据由双精度常数传送到 float 变量时会出现截断）。因为编译系统把实数都作为双精度常量处理，而把一个双精度常数传送到 float 变量时就有可能由于数据截断而产生误差。这些警告是对用户善意的提醒，如果用户考虑到要保证较高的精度，可以把变量改为 double 类型，如果用户认为 float 类型变量提供的精度已足够，则不必修改程序，而继续进行连接和运行。

归纳起来，对程序中所有导致"错误"（error）的因素必须全部排除，对"警告"（warning）则要认真对待，具体分析。当然，做到既无错误又无警告最好，而有的警告并不说明程序有错，可以不处理。

（2）逻辑错误。程序并未违背语法规则，也能正常运行，但程序执行结果与原意不符。这是由于程序设计人员设计的算法有错或编写程序有错，通知给系统的指令与解题的原意不相同，即出现了逻辑上的错误。例如，第10章列出的第10种错误：

```
sum=0;i=1;
while(i<=100)
    sum=sum+i;
    i++;
```

语法并无错误。但由于缺少花括号，while语句的范围只包括到"sum=sum+i;"，而不包括"i++;"。通知给系统的信息是：当i≤100时，执行"sum=sum+i;"，而i的值始终不变，形成一个永不终止的"死循环"。C系统无法辨别程序中这个语句是否符合作者的原意，而只能忠实地执行这一指令。

又如，求 $s=1+2+3+\cdots+100$，如果写出以下语句：

```
for(s=0,i=1;i<100;i++)
    s=s+i;
```

语法没有错，但求出的结果是 $1+2+3+\cdots+99$ 之和，而不是 $1+2+3+\cdots+100$ 之和，原因是少执行了一次循环。这种错误在程序编译时是无法检查出来的，因为语法是正确的。计算机无法知道程序编制者是想累加100个数还是99个数，只能按程序执行。

这类错误属于程序逻辑方面的错误，可能是在设计算法时出现的错误，也可能是算法正确而在编写程序时出现疏忽所致。需要认真检查程序和分析运行结果。如果是算法有错，则应先修改算法，再改程序。如果是算法正确而程序写得不对，则直接修改程序。

又如有以下程序：

```
#include<stdio.h>
int main()
{   int a=3,b=4,aver;
    scanf("%d %d",a,b);
    aver=(a+b)/2.0;
    printf("%d\n",aver);
    return 0;
}
```

编写者的原意是先对a和b赋初值3和4，然后通过scanf函数向a和b输入新的值。有经验的人一眼就会看出scanf函数写法不对，漏了地址符&，应该是

```
scanf("%d %d",&a,&b);
```

但是，这个错误在程序编译时是检查不出来的，也不会输出"出错信息"。程序能通过编译，也能运行。这是为什么呢？如果按正确的写法："scanf("%d %d",&a,&b);"，其含义是：把用户从键盘输入的一个整数送到以a的地址所指向的内存单元。如果变量a的地址是1020，则把用户从键盘输入的一个整数送到地址为1020的内存单元中，也就是把输入的数赋给了变量a。

如果写成"scanf("%d %d",a,b);"，编译系统是这样理解和执行的：把用户从键盘

输入的一个整数送到变量 a 的值所指向的内存单元。如果 a 的值为 3,则把用户从键盘输入的数送到地址为 3 的内存单元中。显然,这不是变量 a 所在的单元,而是一个不可预料的单元。这样就改变了该单元的内容,有可能造成严重的后果,是很危险的。

这种错误比语法错误更难检查。要求程序员有较丰富的经验。

因此,不要认为只要通过编译的程序就一定没有问题。除了需要仔细反复地检查程序外,在程序运行时一定要注意运行情况。像上面这个程序运行时会出现异常,应及时检查出原因,并加以修正。

(3) 运行错误。有时程序既无语法错误,又无逻辑错误,但程序不能正常运行或结果不对。多数情况是数据不对,包括数据本身不合适以及数据类型不匹配。如有以下程序:

```
#include<stdio.h>
int main()
{   int a,b,c;
    scanf("%d,%d",&a,&b);
    c=a/b;
    printf("%d\n",c);
    return 0;
}
```

当输入的 b 为非零值时,运行无问题。当输入的 b 为零时,运行时出现"溢出"(overflow)的错误。

如果在执行上面的 scanf 函数语句时输入:

456.78,34.56↙

则输出 c 的值为 2,显然是不对的。这是由于输入的数据类型与输入格式符%d 不匹配而引起的。

应当养成认真分析结果的习惯,不要无条件地"相信计算机"。有的人盲目相信计算机,以为凡是计算机计算和输出的总是正确的。但是,你给的数据不对或程序有问题,结果怎能保证正确呢?

11.3　程序的测试

程序调试的任务是排除程序中的错误,使程序能顺利地运行并得到预期的效果。程序的调试阶段不仅要发现和消除语法上的错误,还要发现和消除逻辑错误和运行错误。除了可以利用编译时提示的"出错信息"来发现和改正语法错误外,还可以通过程序的测试来发现逻辑错误和运行错误。

程序的测试任务是尽力寻找程序中可能存在的错误。在测试时要设想到程序运行时的各种情况,测试在各种情况下的运行结果是否正确。

从前面举的例子中可以看到,有时程序在某些情况下能正确运行,而在另外一些情况下不能正常运行或得不到正确的结果,因此,一个程序即使通过编译并正常运行而且可以得到正确的结果,还不能认为程序就一定没有问题了。要考虑是否在任何情况下都能正常运行并且得到正确的结果。测试的任务就是要找出那些不能正常运行的情况和原因。下面通过一个例子来说明。

求一元二次方程 $ax^2 + bx + c = 0$ 的根。

有人根据求根公式：$x_{1,2} = \dfrac{-b \pm \sqrt{b^2 - 4ac}}{2a}$，编写出以下程序：

```c
#include<stdio.h>
#include<math.h>
int main()
{  float a,b,c,disc,x1,x2;
   scanf("%f,%f,%f",&a,&b,&c);
   disc=b*b-4*a*c;
   x1=(-b+sqrt(disc))/(2*a);
   x2=(-b-sqrt(disc))/(2*a);
   printf("x1=%6.2f,x2=%6.2f\n",x1,x2);
   return 0;
}
```

当输入 a, b, c 的值为 $1, -2, -15$ 时，输出 x_1 的值为 5，x_2 的值为 -3。结果是正确无误的。但是若输入 a, b, c 的值为 $3, 2, 4$ 时，屏幕上出现"出错信息"，程序停止运行，原因是对负数求平方根（$b^2 - 4ac = 4 - 48 = -44 < 0$）。

因此，此程序只适用于 $b^2 - 4ac \geqslant 0$ 的情况。我们不能说上面的程序是错的，而只能说程序"考虑不周"，不是在任何情况下都是正确的。使用这个程序必须满足一定的前提（$b^2 - 4ac \geqslant 0$），这样，就给使用程序的人带来不便。在输入数据前，必须先算一下 $b^2 - 4ac$ 是否大于或等于 0。

应要求一个程序能适应各种不同的情况，并且都能正常运行并得到相应的结果。

下面分析一下求方程 $ax^2 + bx + c = 0$ 的根，有几种情况：

（1）$a \neq 0$ 时：

① $b^2 - 4ac > 0$，方程有两个不等的实根：

$$x_{1,2} = \frac{-b \pm \sqrt{b^2 - 4ac}}{2a}$$

② $b^2 - 4ac = 0$，方程有两个相等的实根：

$$x_1 = x_2 = -\frac{b}{2a}$$

③ $b^2 - 4ac < 0$，方程有两个不等的共轭复根：

$$x_{1,2} = \frac{-b}{2a} \pm \frac{i\sqrt{4ac - b^2}}{2a}x$$

（2）$a = 0$ 时，方程就变成一元一次的线性方程：$bx + c = 0$。

① 当 $b \neq 0$ 时，$x = -\dfrac{c}{b}$。

② 当 $b = 0$ 时，方程变为：$0x + c = 0$。

• 当 $c = 0$ 时，x 可以为任何值；

● 当 $c \neq 0$ 时，x 无解。

综合起来，共有 6 种情况：

① $a \neq 0, b^2 - 4ac > 0$；

② $a \neq 0, b^2 - 4ac = 0$；

③ $a \neq 0, b^2 - 4ac < 0$；

④ $a = 0, b \neq 0$；

⑤ $a = 0, b = 0, c = 0$；

⑥ $a = 0, b = 0, c \neq 0$。

应当分别测试程序在以上 6 种情况下的运行情况，观察它们是否符合要求。为此，应当准备 6 组数据。用这 6 组数据去测试程序的"健壮性"。在使用上面这个程序时，显然只有满足①②情况的数据才能使程序正确运行，而输入满足③~⑥情况的数据时，程序出错。这说明程序不"健壮"。为此，应当修改程序，使之能适应以上 6 种情况。可将程序修改如下：

```c
#include<stdio.h>
#include<math.h>
int main()
{ float a,b,c,disc,x1,x2,p,q;
  printf("input a,b,c:");
  scanf("%f,%f,%f",&a,&b,&c);
  if (a==0)
    if (b==0)
      if (c==0)
        printf("It is trivial.\n");
      else
        printf("It is impossible.\n");
    else
      {printf("It has one solution:\n");
       printf("x=%6.2f\n", -c/b);}
  else
    {disc=b*b-4*a*c;
     if (disc>=0)
       if (disc>0)
         {printf("It has two real solutions:\n");
          x1=(-b+sqrt(disc))/(2*a);
          x2=(-b-sqrt(disc))/(2*a);
          printf("x1=%6.2f,  x2=%6.2f\n",x1,x2);
         }
       else
         { printf("It has two same real solutions:\n");
           printf("x1=x2=%6.2f\\n", -b/(2*a));
         }
     else
       { printf("It has two complex solutions:\n");
```

```
        p = -b/(2 * a);
        q = sqrt(-disc)/(2 * a);
        printf("x1 = %6.2f + %6.2fi, x2 = %6.2f - %6.2fi\n",p,q,p,q);
    }
  }
  return 0;
}
```

为了测试程序的"健壮性"，我们准备了6组数据：

①3,4,1　　②1,2,1　　③4,2,1　　④0,3,4　　⑤0,0,0　　⑥0,0,5

分别用这6组数据作为输入的a,b,c的值，得到以下的运行结果：

① input a,b,c: <u>3,4,1</u>↙
   It has two real solutions:
   x1 = -0.33,x2 = -1.00

② input a,b,c: <u>1,2,1</u>↙
   It has two same real solutions:
   x1 = x2 = -1.00

③ input a,b,c: <u>4,2,1</u>↙
   It has two complex solutions:
   x1 = -0.25 +0.43i,　x2 = -0.25 -0.43i

④ input a,b,c: <u>0,3,4</u>↙
   It has one solution:
   x = -1.33

⑤ input a,b,c: <u>0,0,0</u>↙
   It is trivial.

⑥ input a,b,c: <u>0,0,5</u>↙
   It is impossible.

经过测试，可以看到程序对任何输入的数据都能正常运行并得到正确的结果。

以上是根据数学知识知道输入数据有6种方案。但在有些情况下，并没有现成的数学公式作依据，例如一个商品管理程序，要求对各种不同的检索作出相应的反应。如果程序包含多条路径（如由if语句形成的分支），则应当设计多组测试数据，使程序中每一条路径都有机会执行，观察其运行是否正常。

以上就是程序测试的初步知识。测试的关键是正确准备测试数据。如果只准备4组测试数据，程序都能正常运行，仍然不能认为此程序已无问题。只有将程序运行时所有的可能情况都做过测试，才能作出判断。

测试的目的是检查程序有无"漏洞"。对于一个简单的程序，要找出其运行时全部可能执行到的路径，并正确地准备数据并不困难。但是如果需要测试一个复杂的大程序，要找到全部可能的路径并准备出所需的测试数据并非易事。例如，有两个非嵌套的if语句，每个if语句有2个分支，它们所形成的路径数目为$2 \times 2 = 4$。如果一个程序包含100个非嵌套的if语句，每个if语句有2个分支，则可能的路径数目为$2^{100} \approx 1.267651 \times 10^{30}$。

实际上进行测试的只是其中一部分(执行概率最高的部分)。因此,经过测试的程序一般来说还不能轻易宣布为"没有问题",只能说"经过测试的部分无问题"。正如检查身体一样,经过内科、外科、眼科、五官科……各科例行检查后,不能宣布被检查者"没有任何病症"一样,他可能有隐蔽的、不易查出的病症。所以医院的诊断书一般写"未发现异常",而不会写"此人身体无任何问题"。

读者应当了解测试的目的,学会组织测试数据,并根据测试的结果完善程序。

应当说,写完一个程序只能说完成任务的一半(甚至不到一半)。调试程序往往比写程序更难,更需要精力、时间和经验。常常有这样的情况:写程序只花了一天,而调试程序两三天也未能完。有时一个小小的程序会出错五六处甚至十几处,而发现和排除一个错误,有时竟需要半天,甚至更多时间。希望读者通过实践掌握调试程序的方法和技术。

第三部分

C 语言上机指南

第 12 章

Visual C++ 6.0 的上机操作

C 源程序可以在 Visual C++ 集成环境中进行编译、连接和运行。较常用的是 Visual C++ 6.0 版本,虽然已有公司推出汉化版,但只是把菜单汉化了,并不是真正的中文版 Visual C++,而且汉化的用语不很准确,因此许多人都使用英文版。本书以 Visual C++ 6.0 英文版为背景来介绍 Visual C++ 的上机操作。其实,Visual C++ 的不同版本的上机操作方法是大同小异的,掌握了其中的一种,就会举一反三,能顺利地使用其他版本。

12.1 Visual C++ 6.0 的安装和启动

如果计算机中未安装 Visual C++ 6.0,则应先安装 Visual C++ 6.0。Visual C++ 是 Visual Studio 的一部分,因此需要找到 Visual Studio 的光盘,执行其中的 setup. exe,并按屏幕上的提示进行安装即可。

安装结束后,在 Windows 的"开始"菜单的"程序"子菜单中就会出现 Microsoft Visual Studio 子菜单。

在需要使用 Visual C++ 时,只须从桌面上顺序选择"开始"→"程序"→Microsoft Visual Studio→Visual C++ 6.0 即可,此时屏幕上在短暂显示 Visual C++ 6.0 的版权页后,出现 Visual C++ 6.0 的主窗口,如图 12-1 所示。

也可以先在桌面上建立 Visual C++ 6.0 的快捷方式的图标,这样在需要使用 Visual C++ 时只须双击桌面上的该图标即可,此时屏幕上会弹出如图 12-1 所示的 Visual C++ 主窗口。

在 Visual C++ 主窗口的顶部是 Visual C++ 的主菜单栏。其中包含 9 个菜单项: File (文件)、Edit(编辑)、View(查看)、Insert(插入)、Project(项目)、Build(构建)、Tools(工具)、Window(窗口)、Help(帮助)。

以上各项在括号中的是 Visual C++ 6.0 中文版中的中文显示,以使读者在使用 Visual C++ 6.0 中文版时便于对照。

主窗口的左侧是项目工作区窗口,右侧是程序编辑窗口。工作区窗口用来显示所设定的工作区的信息,程序编辑窗口用来输入和编辑源程序。

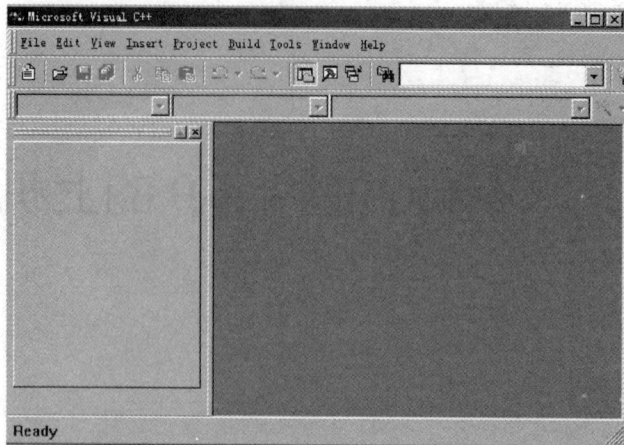

图　12-1

12.2　输入和编辑源程序

本节介绍最简单的情况，即程序只由一个源程序文件组成，即单文件程序（有关对多文件程序的操作在本章的后面介绍）。

12.2.1　新建一个 C 源程序的方法

如果要新建一个 C 源程序，可采取以下步骤：

在 Visual C++ 主窗口的主菜单栏中单击 File（文件），然后在其下拉菜单中单击 New（新建），如图 12-2 所示。

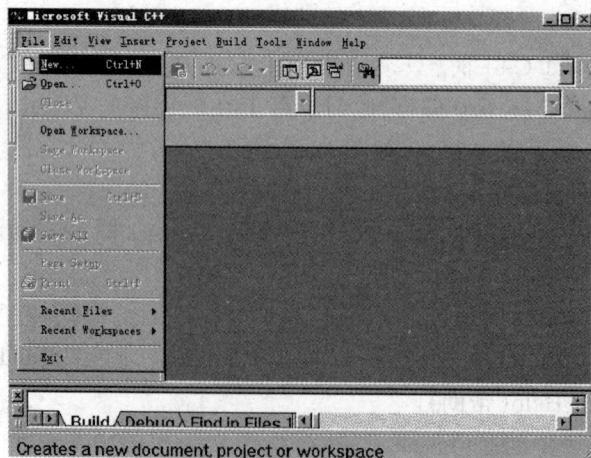

图　12-2

屏幕上出现一个 New（新建）对话框（见图 12-3）。单击此对话框的左上角的 Files（文件）选项卡，其中有 C++ Source File 选项，表示这项的功能是建立新的 C++ 源程序文件。由于 Visual C++ 6.0 既可以用于处理 C++ 源程序,也可以用于处理 C 源程序,因此,选择 C++ Source File 选项。然后在对话框右半部分的 Location(目录)文本框中输入准备编辑的源程序文件的存储路径(今假设为 D:\CC),表示准备编辑的源程序文件将存放在 D:\CC 子目录下。在右上方的 File(文件)文本框中输入准备编辑的源程序文件的名字(今输入 c1_1.c),表示要建立的是 C 源程序,这样,即将进行输入和编辑的源程序就以 c1_1.c 为文件名存放在 D 盘的 C++ 目录下。当然,读者完全可以指定其他路径名和文件名。

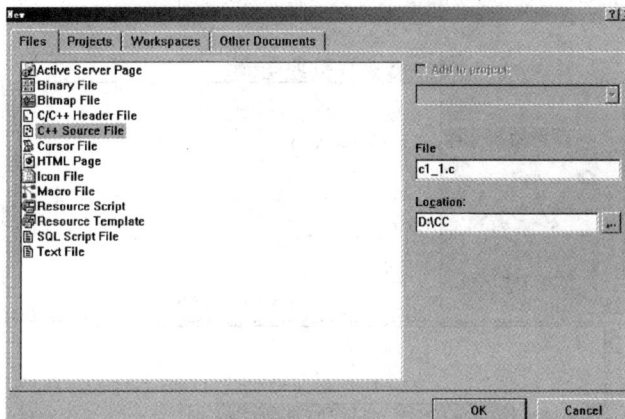

图 12-3

注意我们指定的文件名后缀为.c,如果输入的文件名为 c1_1.cpp,则表示要建立的是 C++ 源程序。如果不写后缀,系统会默认指定为 C++ 源程序文件,自动加上后缀.cpp。

在单击 OK 按钮后,回到 Visual C++ 主窗口,由于在前面已指定了路径(D:\CC)和文件名(c1_1.c),因此在窗口的标题栏中显示出 D:\CC\c1_1.c。可以看到光标在程序编辑窗口闪烁,表示程序编辑窗口已激活,可以输入和编辑源程序了。输入主教材第 1 章中的例 1.1 程序,如图 12-4 所示。在输入过程中我们故意出些错误。如用户能及时发现

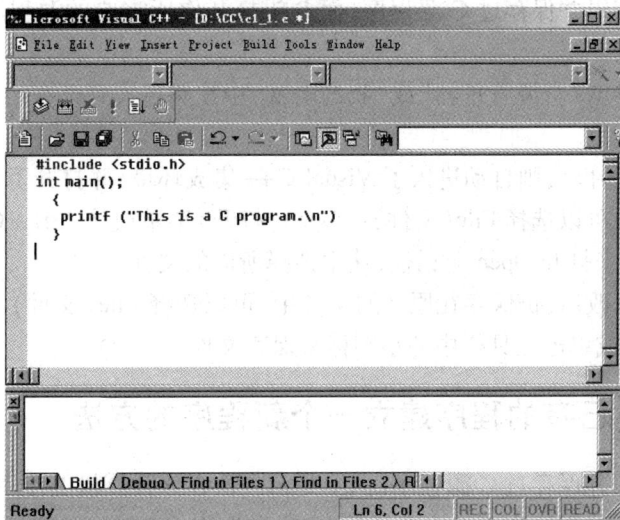

图 12-4

错误,可以利用全屏幕编辑方法进行修改编辑。在图 12-4 的最下部的中间,显示了 Ln 6,Col 2,表示光标当前的位置在第 6 行第 2 列,当光标位置改变时,显示的数字也随之改变。在对程序进行编辑时,这个显示是有用的。

如果经检查无误,则将源程序保存在前面指定的文件中,方法是: 在主菜单栏中选择 File(文件),并在其下拉菜单中选择 Save(保存)项,如图 12-5 所示。

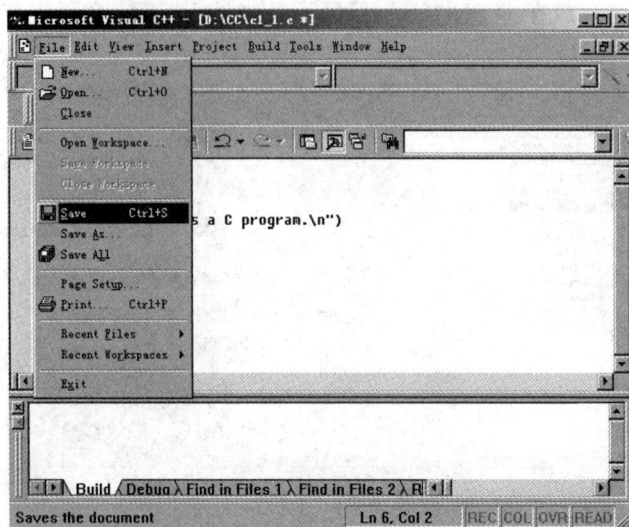

图　12-5

也可以用 Ctrl + S 快捷键来保存文件。

如果不想将源程序存放到原先指定的文件中,可以不选择 Save 项,而选择 Save As(另存为)项,并在弹出的 Save As(另存为)对话框中指定文件路径和文件名。

12.2.2　打开一个已有的程序

如果你已经编辑并保存过 C 源程序,而希望打开你所需要的源程序文件,并对它进行修改,方法如下:

(1) 在"Windows 资源管理器"或"我的电脑"中按路径找到已有的 C 程序名(如 c1_1.c)。

(2) 双击此文件名,则自动进入了 Visual C++ 集成环境,并打开了该文件,程序显示在编辑窗口中。也可以选择 File(文件)→Open(打开)菜单或按 Ctrl + O 键,或单击工具栏中的 Open 图标来打开 Open 对话框,从中选择所需的文件。

(3) 如果在修改后,仍保存在原来的文件中,可以选择 File(文件)→Save(保存),或用 Ctrl + S 快捷键或单击工具栏中的小图标来保存文件。

12.2.3　通过已有的程序建立一个新程序的方法

如果已经编辑并保存过 C 源程序(而不是第一次在该计算机上使用 Visual C++),则可以通过一个已有的程序来建立一个新程序,这样做比重新输入一个新文件省事,因为可

以利用原有程序中的部分内容。方法如下:

(1) 打开任何一个已有的源文件(例如 cl_1. c)。

(2) 利用该文件修改成新的文件,然后通过 File(文件)→Save As(另存为)将它以另一文件名另存(如以 cl_2. c 名字另存),这样就生成了一个新文件 cl_2. c。

用这种方法很方便,但应注意在保存新文件时,不要错用 File(文件)→Save(保存)操作,否则原有文件(cl_1. c)的内容就被修改了。

12.3　编译、连接和运行

12.3.1　程序的编译

在编辑和保存源文件(如 cl_1. c)以后,若需要对该源文件进行编译,单击主菜单栏中的 Build(编译),在其下拉菜单中选择 Compile cl_1. c(编译 cl_1. c)项,如图 12-6 所示。由于建立(或保存)文件时已指定了源文件的名字 cl_1. c,因此在 Build 菜单的 Compile 项中就自动显示了当前要编译的源文件名 cl_1. c。

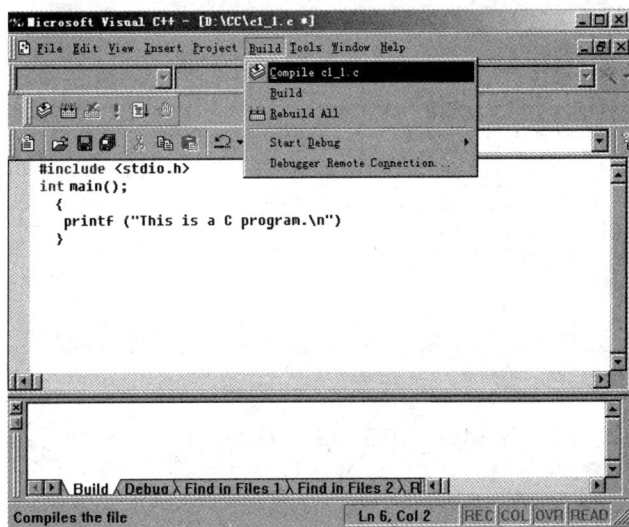

图　12-6

在单击编译命令后,屏幕上出现一个对话框,内容是 This build command requires an active project workspace. Would you like to create a default project workspace? (此编译命令要求一个有效的项目工作区,你是否同意建立一个默认的项目工作区),如图 12-7 所示。单击"是"(Y)按钮,表示同意由系统建立默认的项目工作区,然后开始编译。

也可以不用选择菜单的方法,而用 Ctrl + F7 快捷键来完成编译。

在进行编译时,编译系统检查源程序中有无语法错误,然后在主窗口下部的调试信息窗口输出编译的信息,如果有错,就会指出错误的位置和性质,如图 12-8 所示。

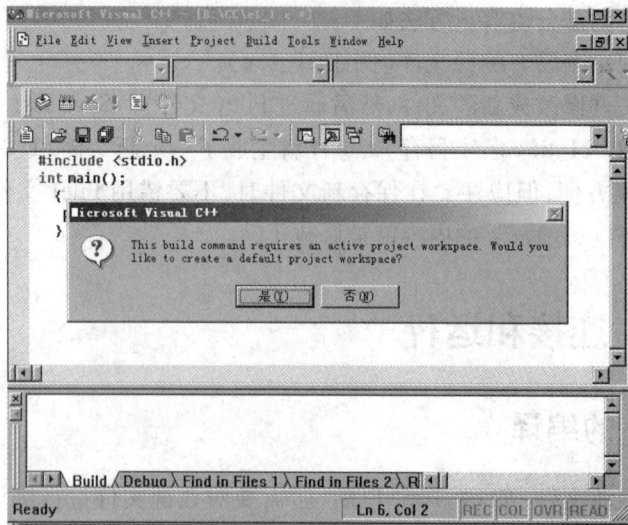

图　12-7

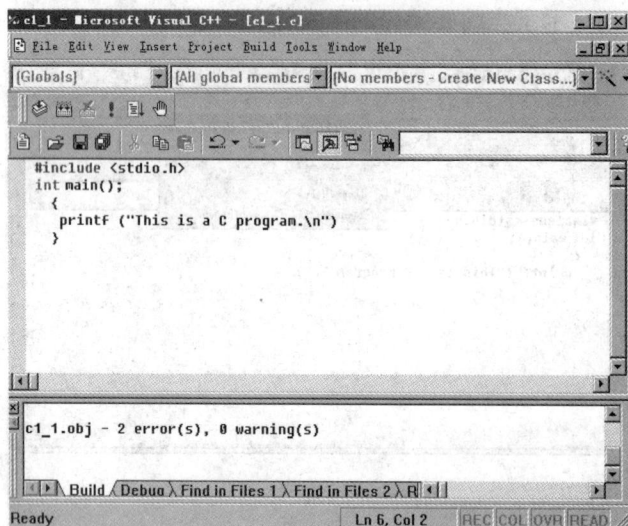

图　12-8

12.3.2　程序的调试

　　程序调试的任务是发现和改正程序中的错误，使程序能正常运行。编译系统能检查出程序中的语法错误。语法错误分为两类：一类是致命错误，以 error 表示，如果程序中有这类错误，就通不过编译，无法形成目标程序，更谈不上运行了；另一类是轻微错误，以 warning（警告）表示，这类错误不影响生成目标程序和可执行程序，但有可能影响运行的结果，因此也应当改正，使程序既无 error，又无 warning。

　　在图 12-8 中的调试信息窗口中可以看到编译的信息，指出源程序有两个 error 和 0 个 warning。单击调试信息窗口中右侧的向上箭头，可以看到出错的位置和性质，如图 12-9 所示。

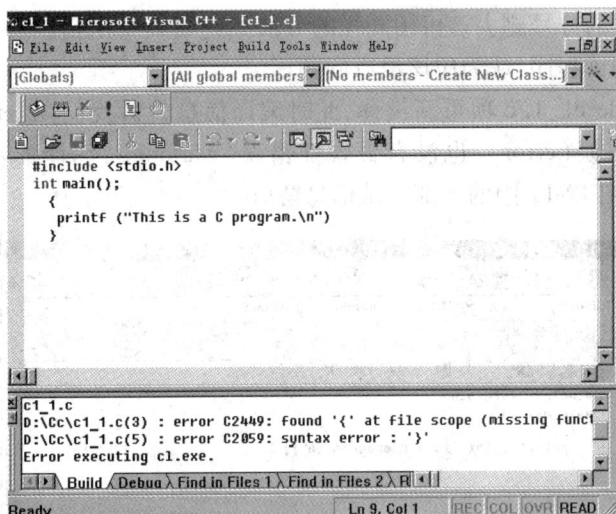

图   12-9

从图 12-9 下部调试信息窗口所示的信息中可以看到：第 3 行有致命错误，错误的性质是：found '{' at file scope（missing functionheader?），意思是：在文件作用域发现了"{"，但没有函数首部。检查图 12-8 中的程序，发现第 2 行末多加了一个分号，因此，编译系统认为它不是函数首部，"{"不属于 main 函数，所以出错。还有，第 5 行也出错，错误的性质是：syntax errop：'}'，意思是：在"}"处出现语法错误。经查程序，发现第 4 行末漏写了分号。有读者可能要问：明明是第 4 行有错，怎么在报错时说成是第 5 行有错呢？这是因为 C 允许将一个语句分写成几行，因此检查完第 4 行末尾无分号时还不能判定该语句有错，必须再检查下一行，直到发现第 5 行的"}"前没有分号（;），才判定出错。因此在第 5 行报错。所以在分析编译报错信息时，应检查出错点的上下行。

现在进行改错，双击调试信息窗口中的第 1 个报错行，这时在程序窗口中出现一个粗箭头指向被报错的程序行（第 3 行），提示改错位置，如图 12-10 所示。

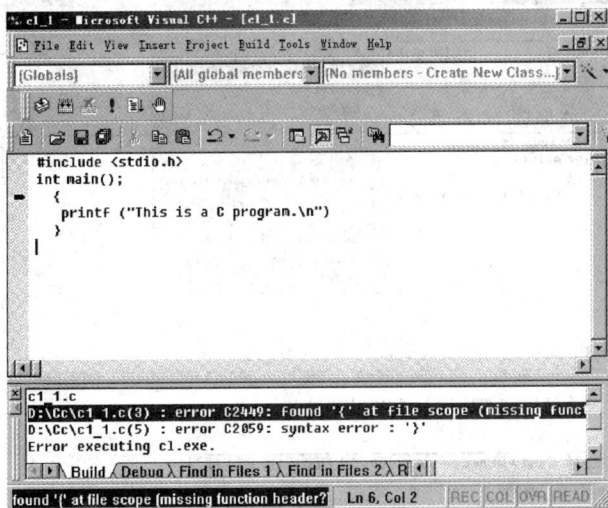

图   12-10

将第2行末尾的分号删去。再用同样的方法找到第2个出错位置,在第4行末尾加上分号。再仔细阅读程序,认为应该没有问题了。

再选择 Compile c1_1.c 项重新编译,此时编译信息告诉我们: 0 error(s),0 warning(s),既没有致命错误(error),也没有警告性错误(warning),编译成功,这时产生一个c1_1.obj 文件,见图 12-11 中的下部调试信息窗口。

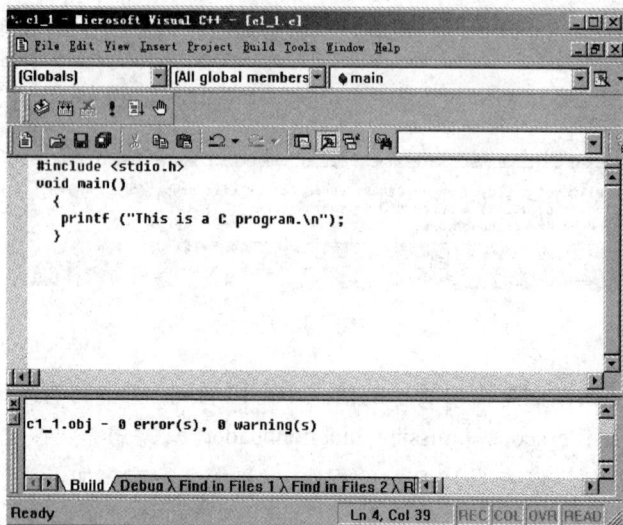

图   12-11

12.3.3   程序的连接

在得到目标程序后,就可以对程序进行连接。由于刚才已生成了目标程序c1_1.obj,编译系统据此确定在连接后应生成一个名为 c1_1.exe 的可执行文件,在菜单中显示了此文件名。此时应选择 Build(构建)→Build c1_1.exe(构建 c1_1.exe),如图 12-12 所示。

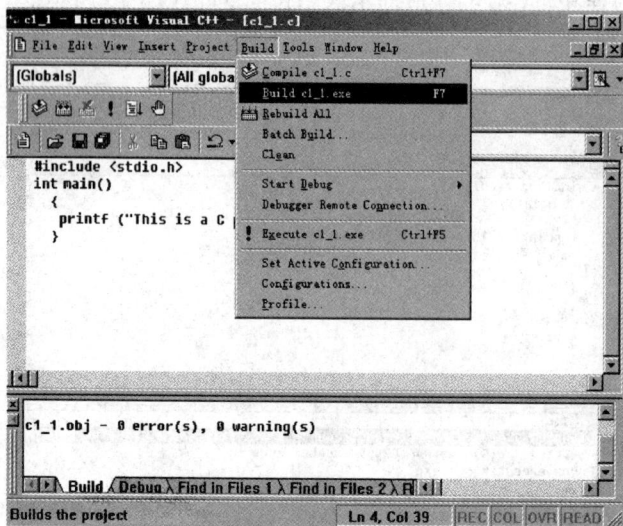

图   12-12

在完成连接后,在调试信息窗口中显示连接时的信息,说明没有发现错误,生成了一个可执行文件 c1_1.exe,见图 12-13 中的下部窗口。

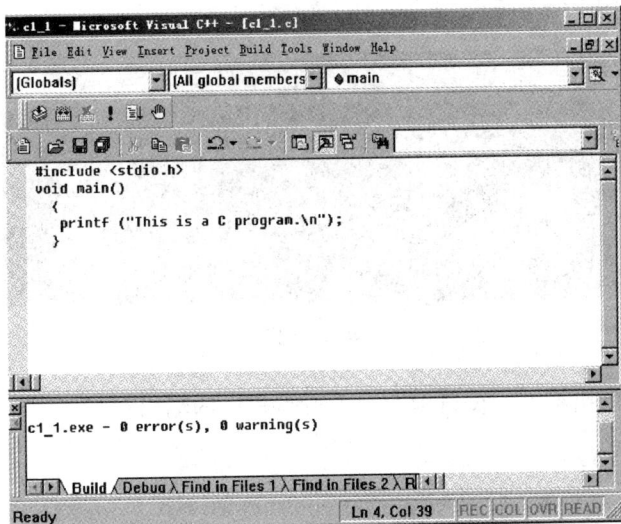

图 12-13

以上介绍的是分别进行程序的编译与连接,也可以选择菜单 Build→Build(或按 F7 键)一次完成编译与连接。对于初学者来说,还是提倡分步进行程序的编译与连接,因为程序出错的机会较多,最好等到上一步完全正确后才进行下一步。对于有经验的程序员来说,在对程序比较有把握时,可以一步完成编译与连接。

12.3.4 程序的执行

在得到可执行文件 c1_1.exe 后,就可以直接执行 c1_1.exe 了。选择 Build→! Execute c1_1.exe(执行 c1_1.exe),如图 12-14 所示。

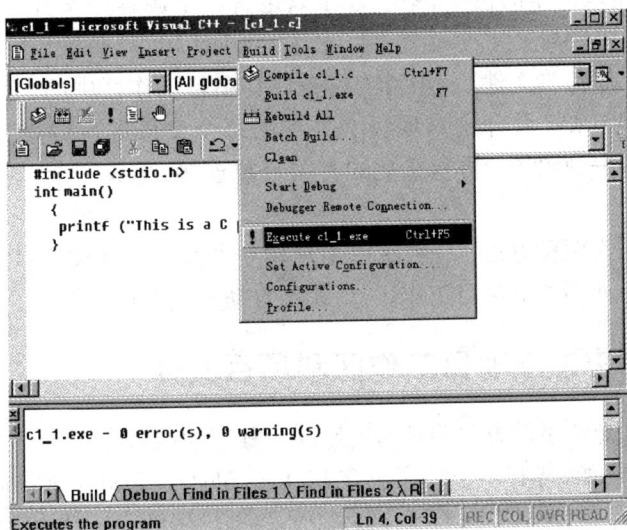

图 12-14

在单击"！Execute cl_1. exe"项后，即开始执行 cl_1. exe。也可以不通过单击菜单，而用 Ctrl + F5 快捷键来实现程序的执行。程序执行后，屏幕切换到输出结果的窗口，显示出运行结果，如图 12-15 所示。

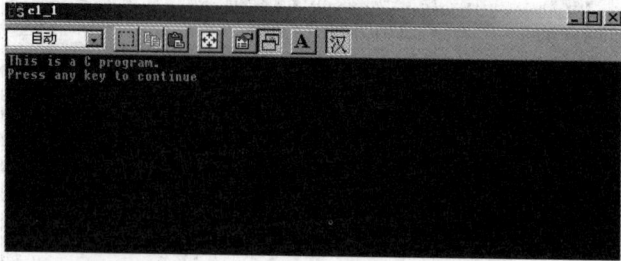

图　12-15

可以看到，在输出结果的窗口中的第 1 行是程序的输出：

This is a C program.

然后换行。

第 2 行 Press any key to continue 并非程序所指定的输出，而是 Visual C++ 在输出完运行结果后由 Visual C++6.0 系统自动加上的一行信息，通知用户："按任意键以便继续"。当你按下任意键后，输出窗口消失，回到 Visual C++ 的主窗口，此时可以继续对源程序进行修改补充或进行其他的工作。

如果已完成对一个程序的操作，不再对它进行其他处理，应当选择 File（文件）→ Close Workspace（关闭工作区），以结束对该程序的操作。

12.4　建立和运行包含多个文件的程序的方法

上面介绍的是最简单的情况，一个程序只包含一个源程序文件。如果一个程序包含多个源程序文件，则需要建立一个项目文件（project file），在这个项目文件中包含多个文件（包括源文件和头文件）。项目文件是放在项目工作区中的，因此还要建立项目工作区。在编译时，系统会分别对项目文件中的每个文件进行编译，然后将所得到的目标文件连接成为一个整体，再与系统的有关资源连接，生成一个可执行文件，最后执行这个文件。

在实际操作时有两种方法：一种是由用户建立项目工作区和项目文件；另一种是用户只建立项目文件而不建立项目工作区，由系统自动建立项目工作区。

12.4.1　由用户建立项目工作区和项目文件

（1）先用前面介绍过的方法分别编辑好同一程序中的各个源程序文件，并存放在自己指定的目录下，例如，若有一个程序包含 file1. c，file2. c，file3. c 和 file4. c 共 4 个源文件，并已把它们保存在 D：\CC 子目录下。

（2）建立一个项目工作区。在如图 12-1 所示的 Visual C++ 主窗口中选择 File（文件)→New(新建),在弹出的 New(新建)对话框中单击上部的选项卡 Workspace(工作区),表示要建立一个新的项目工作区。在对话框中右部 Workspace name(工作区名字)文本框中输入你指定的工作区的名字(如 ws1)。在 Location(位置)文本框中输入指定的文件目录(如 D:\CC,也可以指定为其他目录),如图 12-16 所示。

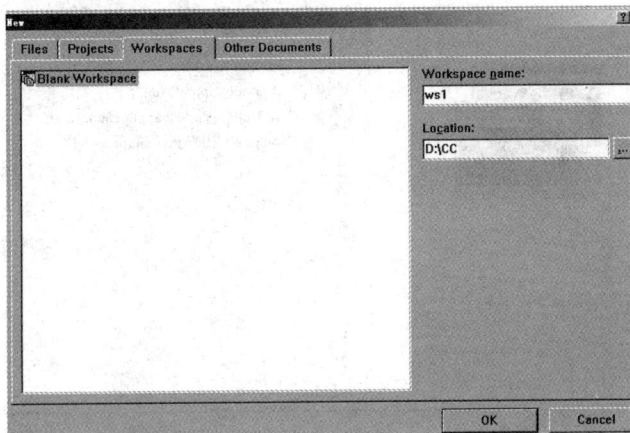

图   12-16

然后单击右下部的 OK 按钮。此时返回 Visual C++ 主窗口。

(3) 建立项目文件。选择 File(文件)→New(新建),在弹出的 New(新建)对话框中单击上部的选项卡 Projects(项目,中文 Visual C++ 把它译为"工程"),表示要建立一个项目文件,如图 12-17 所示。

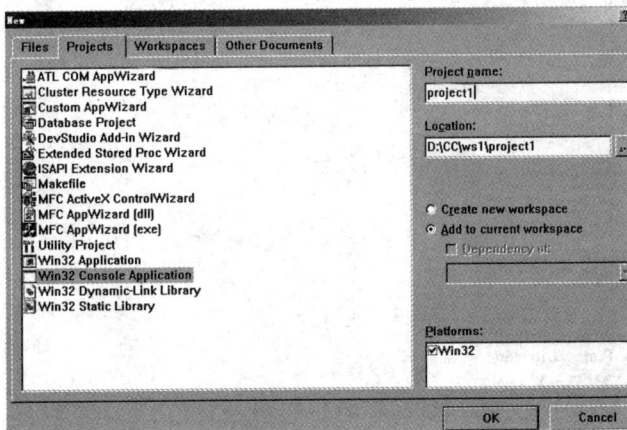

图   12-17

在对话框中左部的列表中选择 Win32 Console Application 项,并在右部的 location(位置)文本框中输入项目文件的位置(即文件路径,现在输入 D:\CC),在 Project name(中文界面中显示为"工程")文本框中输入指定的项目文件名,现在输入 project1。选中窗口右部单选钮 Add to current workspace(添加至现有工作区),表示新建的项目文件是放到刚才建立的当前工作区(WS1)中的。此时,location 栏中内容自动变为 D:\CC\ws1\project1,表示已确认项目文件 project1 存放在工作区 ws1 中,然后单击 OK(确定)按钮,此时弹出一个如图 12-18 所示的对话框。在其中选中 An empty project. 单选按钮，表示新建立的是一个空的项目，单击 Finish（完成）按钮，系统弹出一个 New Project Information（新建工程信息）对话框（见图 12-19），显示了刚才建立的项目的有关信息。

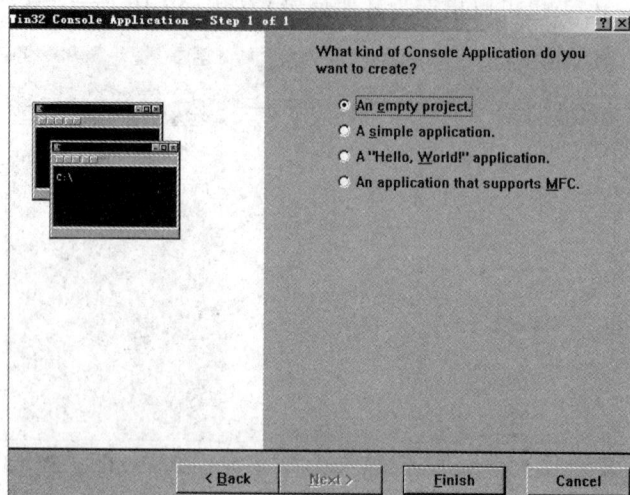

图　12-18

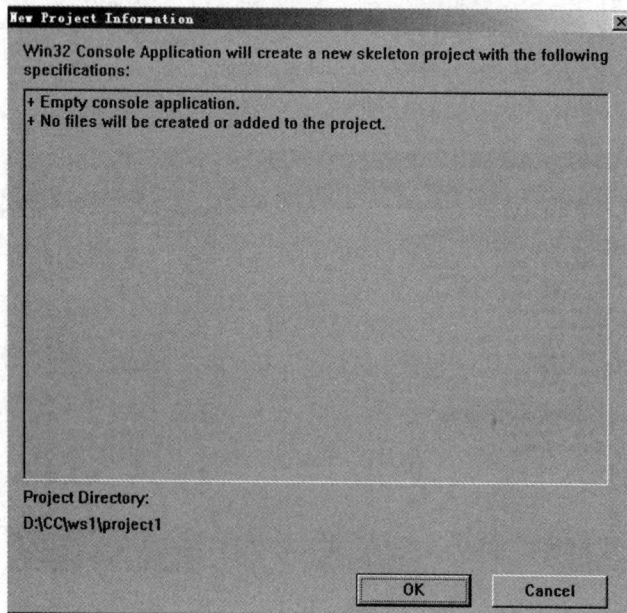

图　12-19

在其下方可以看到项目文件的位置（文件路径为 D：\CC\ws1\project1），确认后单击 OK（确定）按钮。此时又回到 Visual C++ 主窗口，可以看到：左部窗口中有一个 Workspace 窗口，单击其中的 File View 选项卡，窗口内显示：Workspace 'ws1'：1 project(s)，表示工作区 ws1 中有一个项目文件，其下一行为 project1 files，表示项目文件 project1 中的文件，现在为空，如图 12-20 所示。

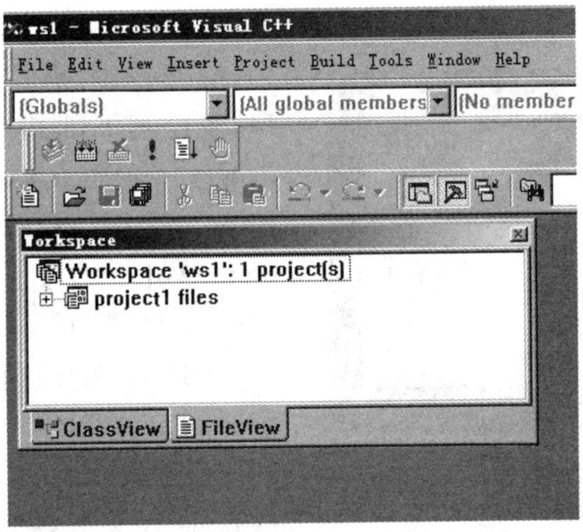

图　12-20

（4）将源程序文件放到项目文件中。方法是：在 Visual C++ 主窗口中选择 Project （工程）→Add To Project（添加到项目中，在中文界面上显示为"添加工程"）→Files，如图 12-21 所示。

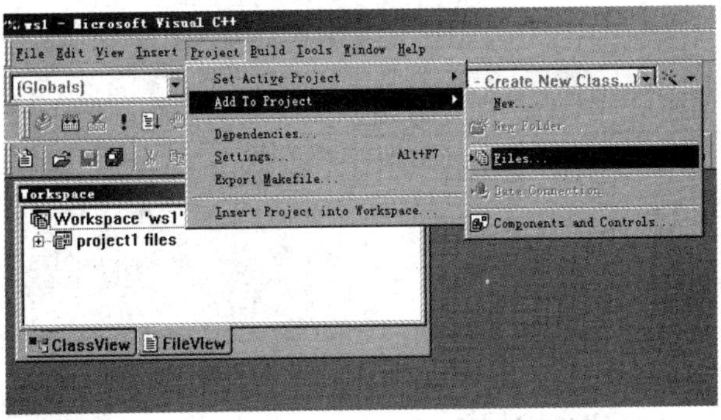

图　12-21

在选择 Files 命令后，屏幕上出现 Insert Files into Project 对话框。在上部的列表框中按路径找到源文件 File1.c，File2.c，File3.c 和 File4.c 所在的子目录，并选中 File1.c，File2.c，File3.c 和 File4.c，如图 12-22 所示。

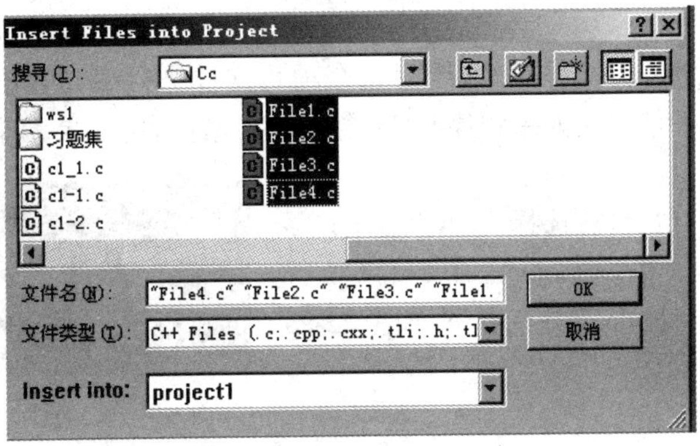

图　12-22

单击 OK（确定）按钮，就把这 4 个文件添加到项目文件 project1 中了。此时，回到 Visual C++ 主窗口，再观察 Workspace 窗口，单击其下部的 File View 选项卡，窗口内显示了项目文件 project1 中包含文件的情况，如图 12-23 所示。可以看到：project1 中包含了源程序 File1.c，File2.c，File3.c 和 File4.c。

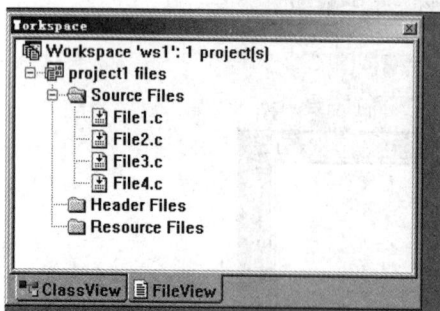

图　12-23

（5）编译和连接项目文件。由于已经把 File1.c，File2.c，File3.c 和 File4.c 添加到项目文件 project1 中，因此只须对项目文件 project1 进行统一的编译和连接。方法是：在 Visual C++ 主窗口中选择 Build（编译）→ Build project1.exe（构件 project1.exe），如图 12-24 所示。

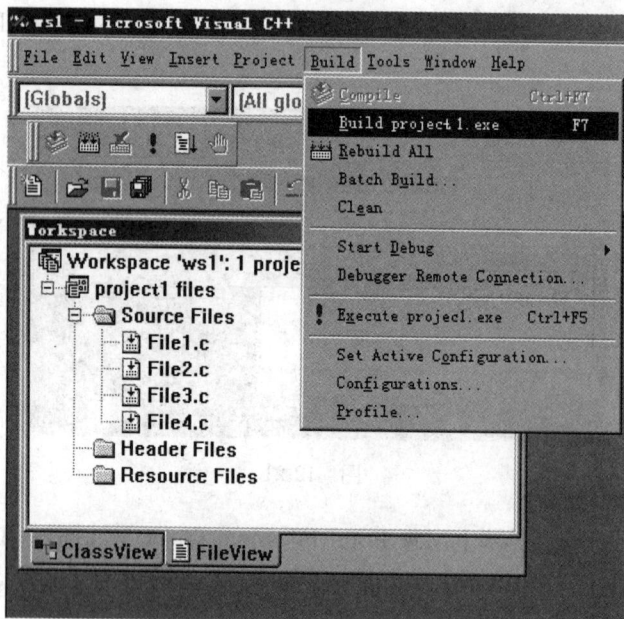

图　12-24

在单击 Build project1.exe 后，系统对整个项目文件进行编译和连接，在窗口的下部会显示编译和连接的信息。如果程序有错，会显示出错信息；如果无错，会生成可执行文件 project1.exe。

（6）执行可执行文件。选择 Build（编译）→ Execute project1.exe（执行 project1.exe），就执行 project1.exe，在运行时输入所需的数据，如图 12-25 所示。

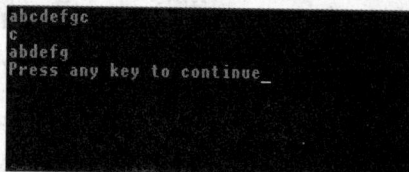

图　12-25

12.4.2　用户只建立项目文件

上面介绍的方法是先建立项目工作区,再建立项目文件,步骤比较多。可以采取简化的方法,即用户只建立项目文件,而不建立项目工作区,由系统自动建立项目工作区。

在本方法中,保留 12.4.1 节中介绍的第(1)、(4)、(5)、(6)步,取消第(2)步,修改第(3)步。具体步骤如下:

(1) 分别编辑好同一程序中的各个源程序文件。同 12.4.1 节中的第(1)步。

(2) 建立一个项目文件(不必先建立项目工作区)。

在 Visual C++ 主窗口中选择 File(文件)→New(新建),在弹出的 New(新建)对话框中单击上部的选项卡 Projects(工程),表示要建立一个项目文件,如图 12-26 所示。在对话框中左部的列表中选择 Win32 Console Application 项,在 Project name(工程)文本框中输入指定的项目文件名(project1)。可以看到:在右部的中间的单选钮处默认选定了 Create new workspace(创建新工作区),这是由于用户未指定工作区,系统会自动开辟新工作区。

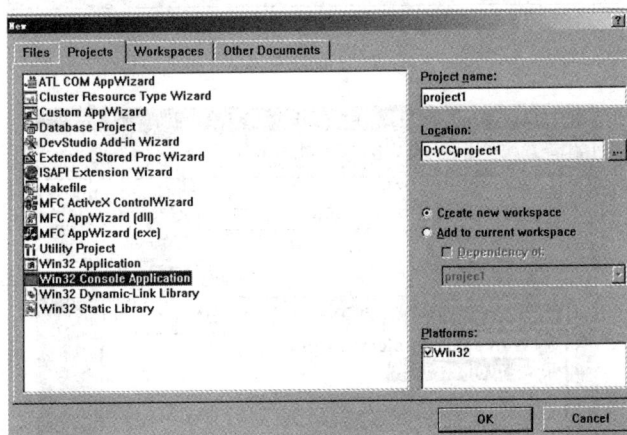

图　12-26

单击 OK(确定) 按钮,出现如图 12-18 所示的 Win32 Console Application-step 1 of 1 对话框,选择右部的单选钮 An empty project.,单击 Finish(完成)按钮后出现 New Project Information(新建工程信息)消息框,如图 12-27 所示。

在它的下部可以看到项目文件的路径(中文 Visual C++ 中显示为"工程目录")为 D:\CC\project1。单击 OK(确定)按钮,在弹出的 Visual C++ 主窗口中的 Workspace 窗口的下方单击 File View 按钮,窗口中显示 Workspace 'project1': 1 project(s),如图 12-28 所示。说明系统已自动建立了一个工作区,由于用户未指定工作区名,系统就将项目文件名 project1 同时作为工作区名。

(3) 向此项目文件添加内容。步骤与 12.4.1 节方法中的第(4)步相同。

(4) 编译和连接项目文件。步骤与 12.4.1 节方法中的第(4)步相同。

(5) 执行可执行文件。步骤与 12.4.1 节方法中的第(6)步相同。

显然,这种方法比前面的方法简单一些。

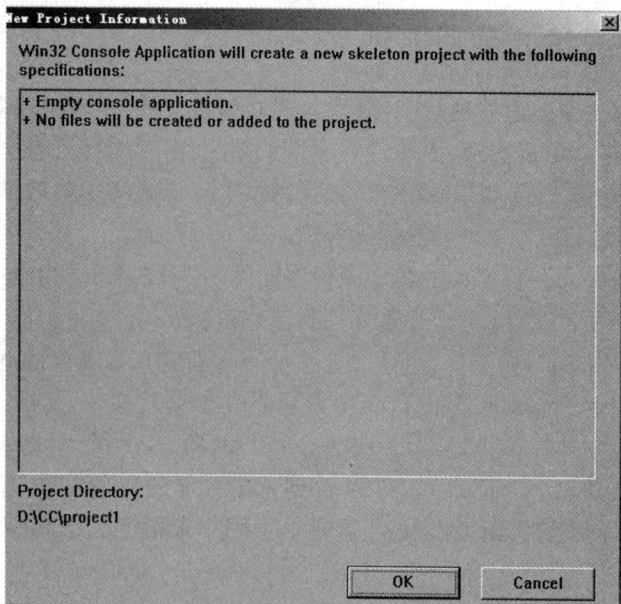

图 12-27

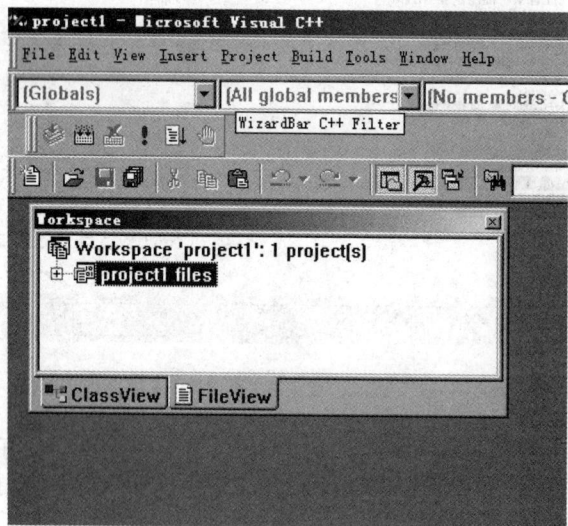

图 12-28

在介绍单文件程序时,为了尽量简化手续,没有建立工作区,也没有建立项目文件,而是直接建立源文件。实际上,在编译每一个程序时都需要一个工作区,如果用户未指定,系统会自动建立工作区,并赋予它一个默认名(此时以文件名作为工作区名)。

第 13 章

用 Visual Studio 2010 运行 C 程序

13.1　关于 Visual Studio 2010

　　Visual C++ 2010 是 Visual Studio 2010 的一部分,要使用 Visual Studio 2010 的资源。因此,为了使用 Visual C++ 2010,必须安装 Visual Studio 2010。可以在 Windows 7 及以上的环境下安装 Visual Studio 2010。如果有 Visual Studio 2010 光盘,执行其中的 setup.exe,并按屏幕上的提示进行安装即可。

　　下面介绍怎样用 Visual Studio 2010(中文版)编辑、编译和运行 C++ 程序。如果读者使用英文版,方法是一样的,无非界面显示的是英文。本章在下面的叙述中,同时提供相应的英文显示。

　　双击 Windows 窗口中左下角的"开始"图标,在出现的软件菜单中,有"Microsoft Visual Studio 2010"子菜单。双击此行,就会出现 Microsoft Visual Studio 2010 的版权页,然后显示"起始页",见图 13-1[①]。

　　在 Visual Studio 2010 主窗口中的顶部是 Visual Studio 2010 的主菜单,其中有 10 个菜单项:文件(File)、编辑(Edit)、视图(View)、调试(Debug)、团队(Team)、数据(Data)、工具(Tools)、测试(Test)、窗口(Window)、帮助(Help)。括号内的英文单词是 Visual Studio 2010 英文版中的菜单项的英文显示。

　　本章不一一介绍各菜单项的作用,只介绍在建立和运行 C 程序时用到的部分内容。

13.2　怎样建立新项目

　　使用 Visual C++ 2010 编写和运行一个 C++ 程序,要比用 Visual C++ 6.0 复杂一些。在 Visual C++ 6.0 中,可以直接建立并运行一个文件,得到结果。而在 Visual Studio 2008 和 Visual Studio 2010 版本中,必须先建立一个项目,然后在项目中建立文件。因为

---

　　① 也可以先从 Windows 窗口左下角的"开始"→"所有程序"→Microsoft Visual Studio 2010,再找到其下面的 Microsoft Visual Studio 2010 项,右击选择"锁定到任务栏(K)",这时在 Windows 窗口的任务栏中会出现 Visual Studio 2010 的图标。也可以在桌面上建立 Visual Studio 2010 的快捷方式。双击此图标,也可以显示如图 13-1 所示的窗口。用这种方法,在以后需要调用 Visual Studio 2010 时,直接双击此图标即可,比较方便。

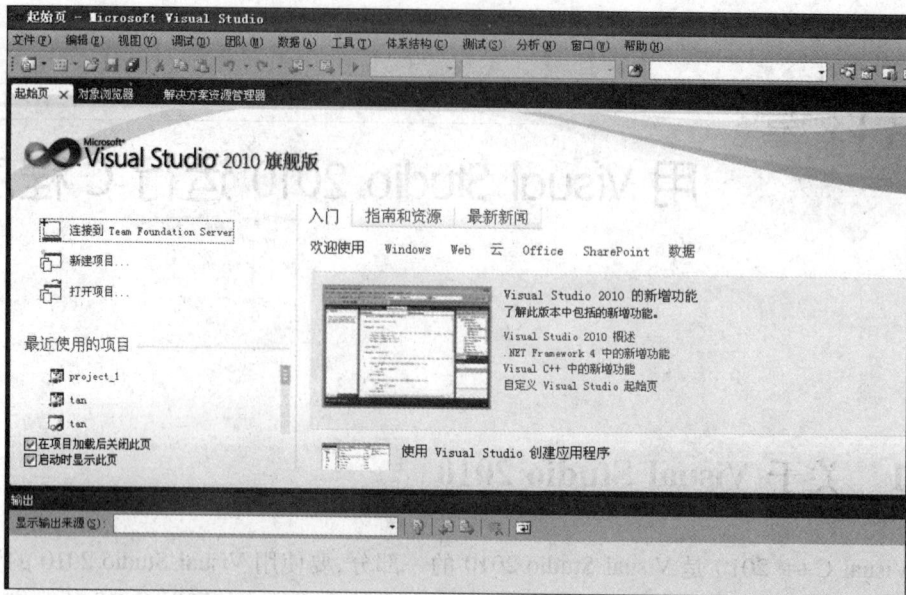

图　13-1

C++是为处理复杂的大程序而产生的,一个大程序中往往包括若干个C++程序文件,把它们组成一个整体进行编译和运行。这就是一个项目(project)。即使只有一个源程序,也要建立一个项目,然后在此项目中建立文件。

　　下面介绍怎样建立一个新的项目。在图13-1的主窗口中,在主菜单中选择"文件"(File),在其下拉菜单中选择"新建"(New),再选择"项目"(Project)(为简化起见,以后表示为"文件"→"新建"→"项目"),见图13-2。

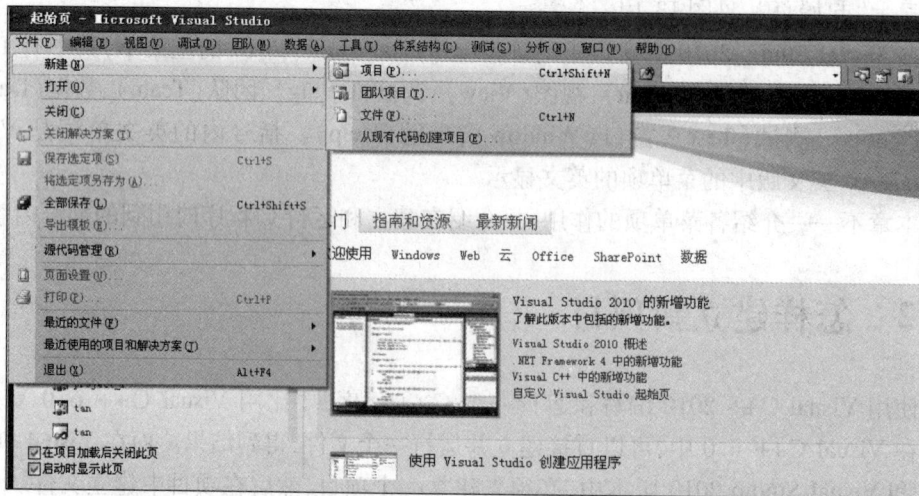

图　13-2

　　单击"项目",表示需要建立一个新项目。此时会弹出一个"新建项目"(Open Project)窗口,在左侧的"Visual C++"中选择Win32,在窗口中间选择"Win32 控制台应用程序"(Win32 Console Application)。在窗口下方的"名称"(Name)栏中输入我们建立的新项目的名字,今指定项目名为 project_1。在"位置"(Location)栏中输入指定的路径,今输入"D：\CC",表示要在 D 盘的"CC"目录下建立一个名为 project_1 的项目(名称和位置的内容是由用户自己随意指定的)。也可以用"浏览"(Browse)从已有的路径中选择。此时,最下方的"解决方案名称"(Solution Name)栏中自动显示了 project_1,它和刚才输入的项目名称(project_1)同名。然后,选中右下角的"为解决方案建立目录"(Create directory for Solution)多选框,见图 13-3。

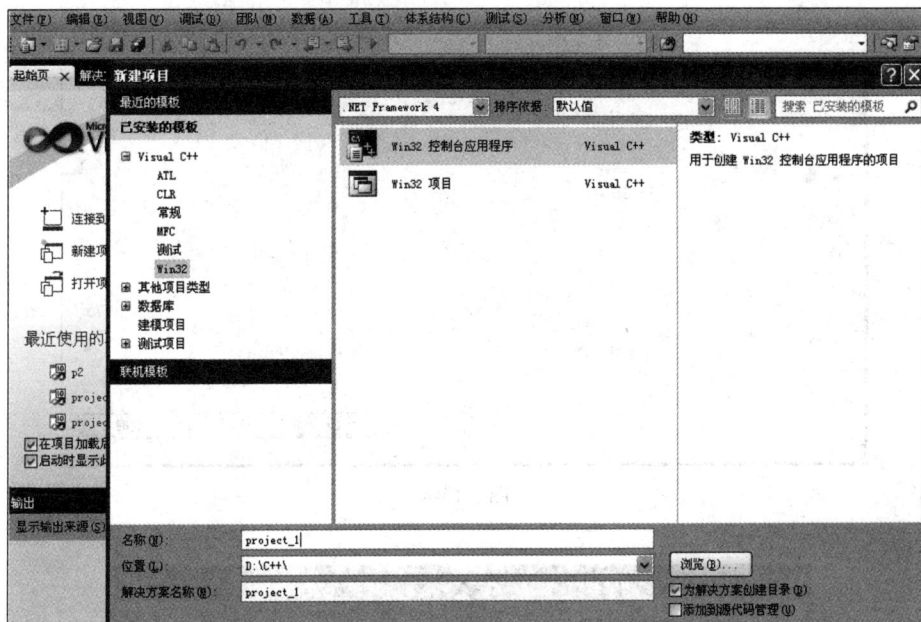

图　13-3

💡 说明：在建立新项目 project_1 时,系统会自动生成一个同名的"解决方案"。一个"解决方案"中可以包含一个或多个项目,组成一个处理问题的整体。处理简单的问题时,一个解决方案中只包括一个项目。经过以上的指定,形成的路径为：D：\CC\project_1 (这是"解决方案"子目录)\project_1(这是"项目"子目录)。

单击"确定"按钮,屏幕上出现"Win32 应用程序向导"(Win32 Application Wizard)窗口,见图 13-4。

单击"下一步"按钮,出现如图 13-5 所示的对话框。在中部的"应用程序类型" (Application type)中选中"控制台应用程序"(Console Application),表示要建立的是控制台操作的程序,而不是其他类型的程序,在"附加选项"(Additional Options)中选中"空项目"(Empty Project),表示所建立的项目现在内容是空的,以后再往里添加。

单击"完成"(Finish)按钮,一个新的解决方案 project_1 和项目 project_1 就建立好了,屏幕上出现如图 13-6 所示的窗口。

如果在图 13-6 中没有显示出窗口中的内容,可以从窗口右上方的工具栏中找到"解决方案资源管理器"(Solution Explorer)图标(见图 13-6 右上角),单击此图标,在工具栏的下一行出现"解决方案资源管理器"选卡,还可以根据需要把工具栏中其他工具图标(如"对象浏览器"(Object Browser))以选卡形式显示。单击"解决方案资源管理器"选

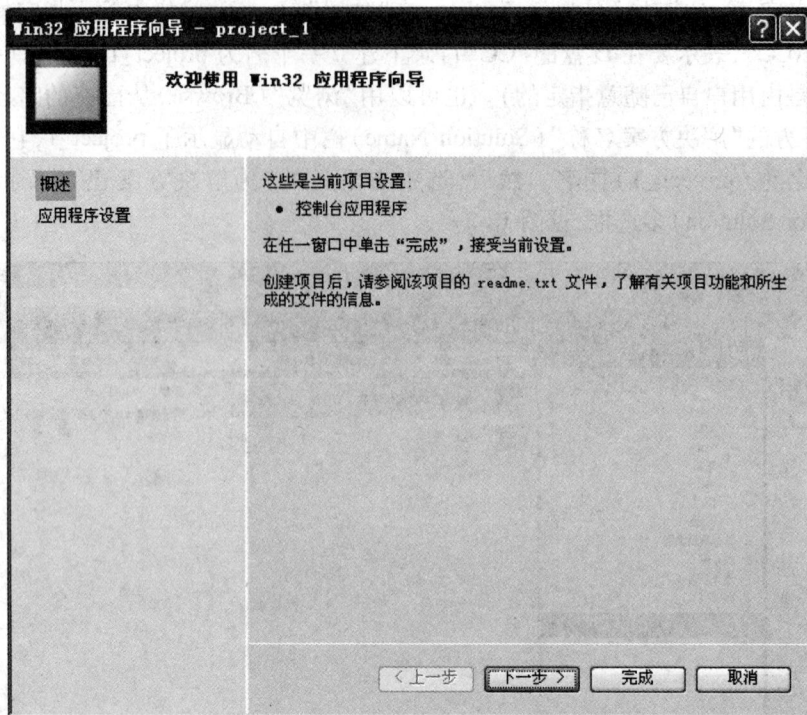

图　13-4

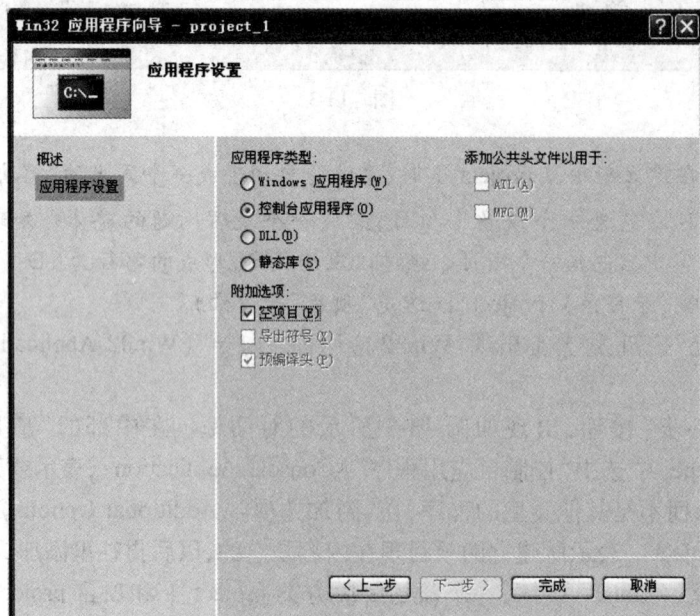

图　13-5

卡，可以看到窗口中第一行为"解决方案'project_1'（1 个项目）"，表示解决方案 project_1
中有一个 project_1 项目，并在下面显示出 project_1 项目中包含的内容。

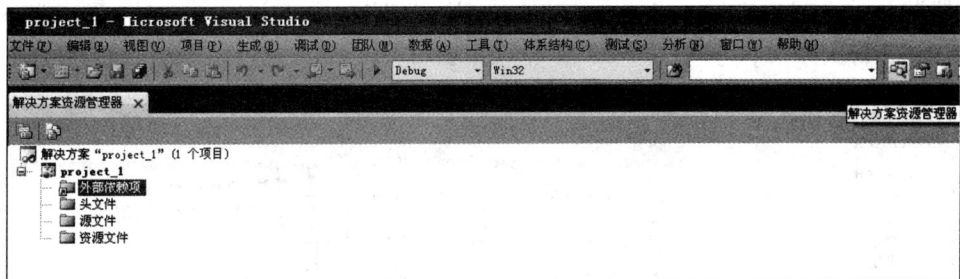

图 13-6

13.3 怎样建立文件

现在要在 project_1 项目中建立新的文件。在图 13-6 的窗口中,选择"project_1"下面的"源文件"(Source Files),右击"源文件"(Source Files),再选择"添加"(Add)→"新建项"(New Item),见图 13-7。

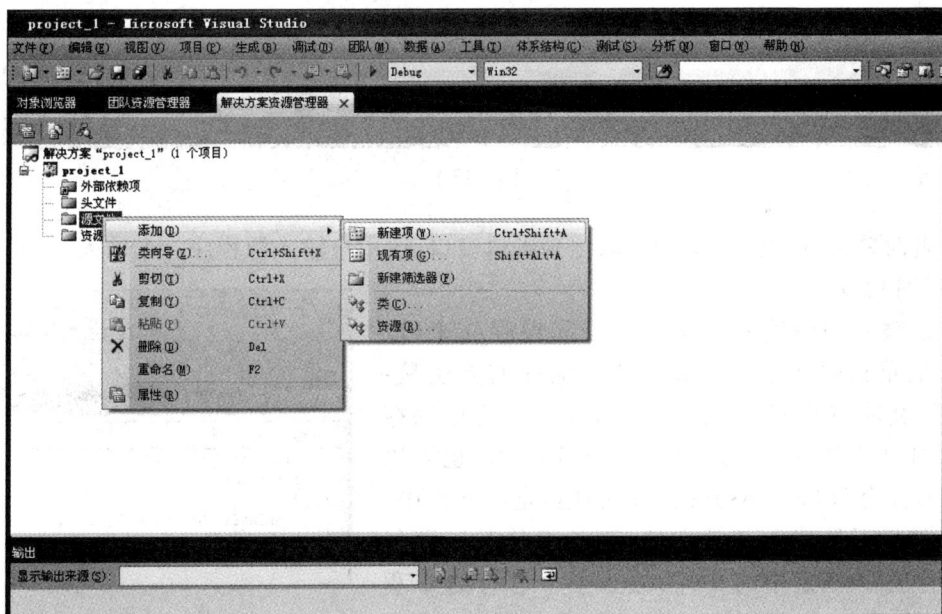

图 13-7

此时,出现"添加新项"(Open New Item)窗口,见图 13-8。在窗口左部选择"Visual C++",中部选择"C++ 文件"(C++ files),表示要添加的是 C++ 文件(包括 C 程序文件),并在窗口下部的"名称"(Name)框中输入指定的文件名(今用 test.c)①,系统自动在

---

① 今输入文件名 test.c,带后缀.c 表示要建立的是一个 C 程序文件,如果输入文件名时不带后缀(如 test),系统默认它是 C++ 文件,自动加后缀.cpp。在 Visual Studio 2010 中,允许以带后缀.c 的 C 文件形式进行编译,也允许以带后缀.cpp 的 C++ 文件形式进行编译。最后得到的运行结果是相同的,读者可自行选择。

"位置"（Location）框中显示出此文件的路径：D：\CC\project_1\project_1\, 表示把 test. c 文件放在"解决方案 project_1"下的"project_1 项目"中。

图　13-8

此时单击"添加"（Add）按钮,出现编辑窗口,请用户输入源程序。今输入一个 C 程序,见图 13-9。

已输入和编辑好的文件最好先保存起来,以备以后重新调出来修改或编译。保存的方法是：选择"文件"（File）→"保存"（Save）,将程序保存在刚才建立的 test. c 文件中,见图 13-10。也可以用"另存为"（Save As）保存在其他指定的文件中。

如果不是建立新的文件,而是想从某一路径（如存放在 U 盘中的文件）读入一个已有的 C 程序文件,可以在图 13-7 中选择"添加"→"现有项",单击所需要的文件名,这时该文件即被读入（保持其原有文件名）,添加到当前项目（如 project_1）中,成为该项目中的一个源程序文件。

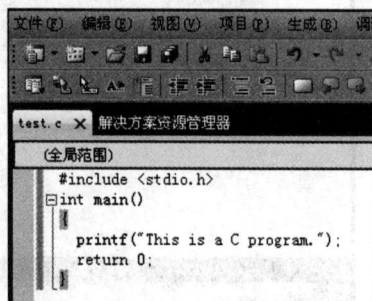

图　13-9

说明：如果原来在 U 盘中的文件是一个 C 源程序文件（后缀为 . c）,则调入项目后的文件仍为后缀为 . c 的 C 文件。如果原来在 U 盘中的是 C++ 文件（后缀为 . cpp）,则调入项目后仍为后缀为 . cpp 的 C++ 文件。

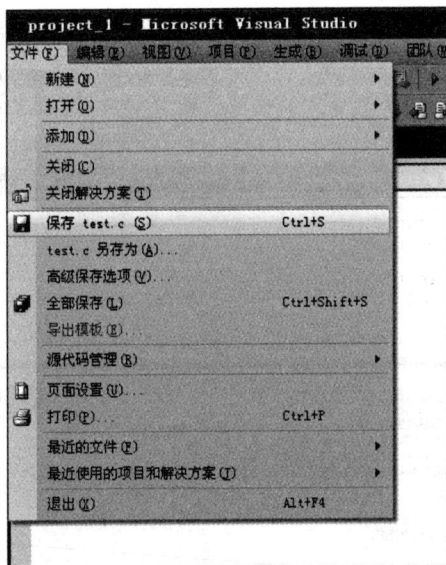

图 13-10

13.4 怎样进行编译

把一个编辑好并检查无误的程序付诸编译,方法是:从主菜单中选择"生成"(Build)→"生成解决方案"(Build Solution),见图 13-11。

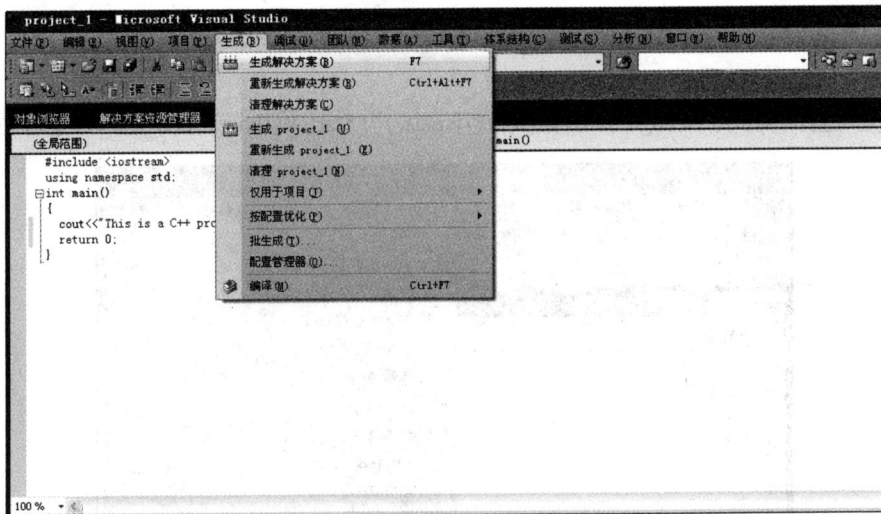

图 13-11

此时系统就对源程序和与其相关的资源(如头文件、函数库等)进行编译和连接,并显示编译的信息,见图 13-12。

图 13-12 所示的窗口下部显示了编译和连接过程中处理的情况,最后一行显示"生成成功",表示已经生成了一个可供执行的解决方案,可以运行了。如果编译和连接过程中

出现错误，会显示出错的信息。用户检查并改正错误后重新编译，直到生成成功。

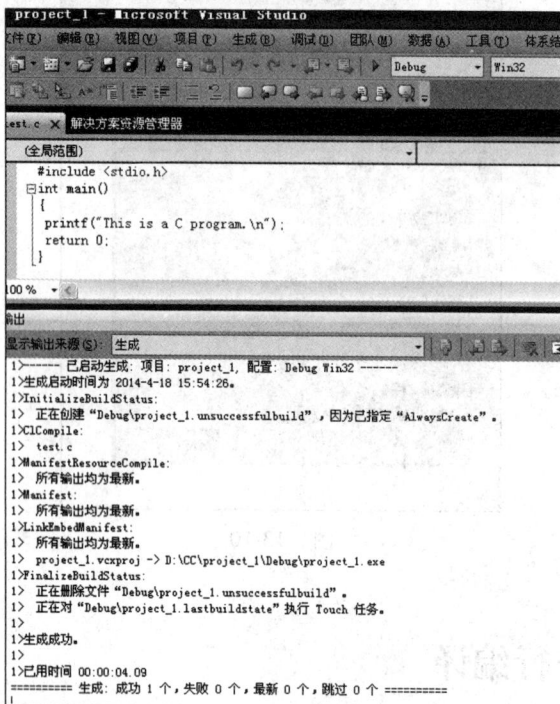

图　13-12

13.5　怎样运行程序

接着，选择"调试"（Debug）→"开始执行（不调试）"（Start Without Debugging），见图 13-13。

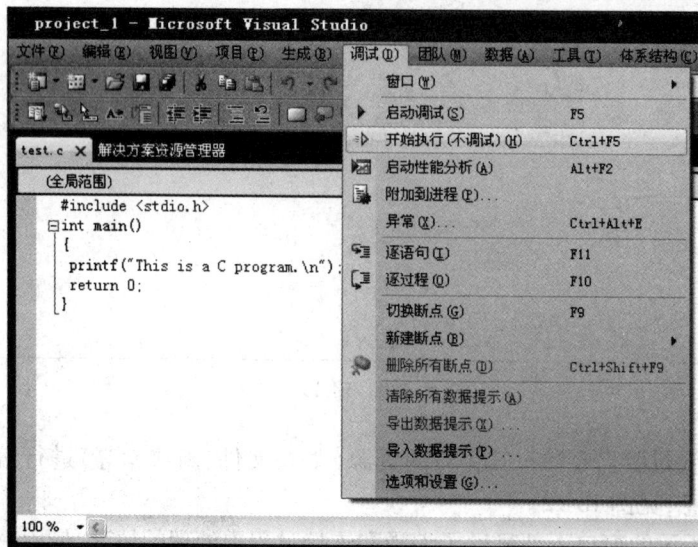

图　13-13

程序开始运行,并得到运行结果,见图 13-14。

如果选择"调试"(Debug)→"启动调试"(Start Debugging),程序运行时输出结果一闪而过,不容易看清,可以在源程序最后一行"return 0;"之前加一个输入语句"getchar(?);"即可避免这种情况。

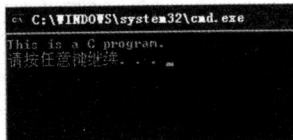

图 13-14

13.6 怎样打开项目中已有的文件

假如你在项目中编辑并保存一个 C 源程序,现在希望打开项目中该源程序文件,并对它进行修改和运行,需要注意的是,不能采用打开一般文件的方法(直接在该文件所在的子目录双击文件名),这样做可以调出该源程序,也可以进行编辑修改,但是不能进行编译和运行。应当先打开解决方案和项目,然后再打开项目中的文件,这时才可以编辑、编译和运行。

在起始页主窗口中,选择"文件"(File)→"打开"(Open)→"项目/解决方案"(Project/Solution),见图 13-15。

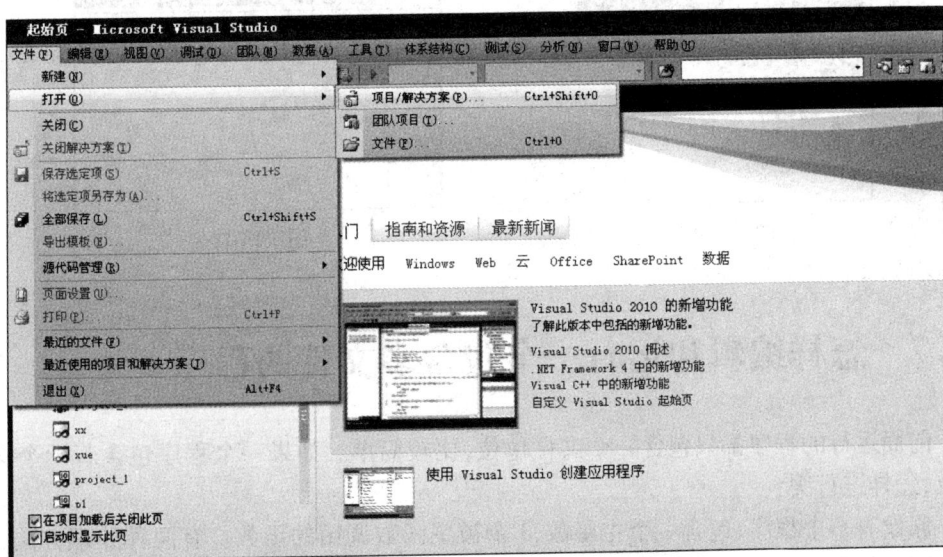

图 13-15

这时出现"打开项目"(Open Project)对话框,根据已知路径找到你所要找的子目录 project_1(解决方案),再找到子目录 project_1(项目),然后选择其中的解决方案文件 project_1(其后缀为 .sln),单击"打开"按钮,见图 13-16。

屏幕显示如图 13-17 所示,可以看到在源文件下面有文件名 test. c。

双击此文件名,打开 test. c 文件,显示源程序,见图 13-18。可以对它进行修改或编译(生成)。

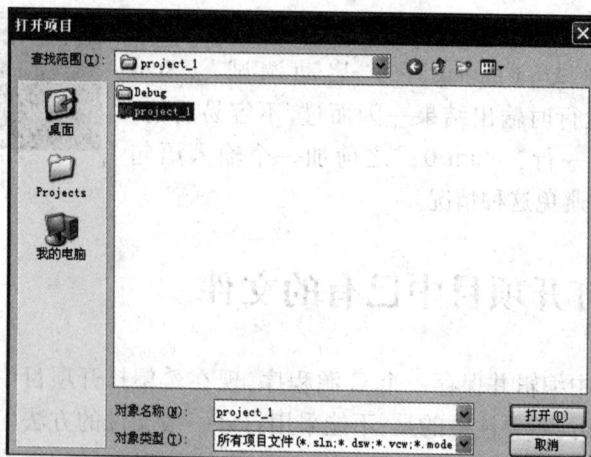

图　13-16

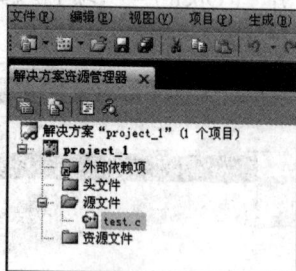

图　13-17

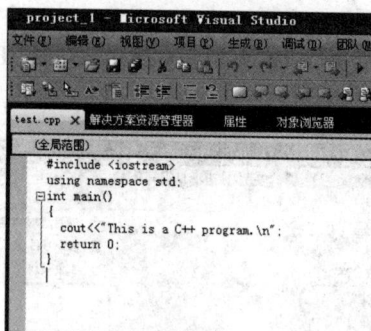

图　13-18

13.7　怎样编辑和运行一个包含多文件的程序

前面运行的程序都只包含一个文件单位,比较简单。如果一个程序包含若干个文件单位,怎样进行呢?

假设有一个程序,包含一个主函数,3个被主函数调用的函数。有两种处理方法：一是把它们作为一个文件单位来处理,教材中大部分程序都是这样处理的,比较简单。二是把这4个函数分别作为4个源程序文件,然后一起进行编译和连接,生成一个可执行的文件,可供运行。

例如,一个程序包含以下4个源程序文件：

(1) file1.c(文件1)

```
#include <stdio.h>
int main()
  {extern void enter_string(char str[ ]);
   extern void delete_string(char str[ ],char ch);
   extern void print_string(char str[ ]);
   char c;
```

```
        char str[80];
        enter_string(str);
        scanf("%c",&c);
        delete_string(str,c);
        print_string(str);
        return 0;
    }
```

(2) file2.c(文件 2)

```
#include < stdio.h >
void enter_string(char str[80])
    {
        gets(str);
    }
```

(3) file3.c(文件 3)

```
#include < stdio.h >
void delete_string(char str[ ],char ch)
    {int i,j;
     for(i=j=0;str[i]!='\0';i++)
        if(str[i]!=ch)
            str[j++]=str[i];
        str[j]='\0';
    }
```

(4) file4.c(文件 4)

```
#include < stdio.h >
void print_string(char str[])
    {
        printf("%s\n",str);
    }
```

此程序的作用是：输入一个字符串(包括若干个字符)，然后输入一个字符，程序就从字符串中将后面输入的字符删去。如输入字符串"This is a C program."，再输入字符'C'，就会从字符串中删去字符'C'，成为"This is a program."。

操作过程如下：

(1) 按照本章 13.2 节介绍的方法，建立一个新项目(项目名今为 project_2)。

(2) 按照本章 13.3 节介绍的方法，向项目 project_2 中添加一个新文件 file1.c。并且在编辑窗口中输入上面文件 1 的内容，并把它保存在 file1.c 中。

(3) 用同样的方法，先后向项目 project_2 中添加新文件 file2.c，file3.c，file4.c，并输入上面文件 2、文件 3、文件 4 的内容，并把它分别保存在 file2.c、file3.c、file4.c 中。此时在"解决方案资源管理器"中显示在项目 project_2 中包含了这 4 个文件，见图 13-19。

(4) 在主菜单中选择"生成"(Build)→"生成解决方案"(Build Solution)，就对此项目进行编译与连接，生成可执行文件，见图 13-20。

(5) 在主菜单中选择"调试"(Debug)→"开始执行(不调试)"(Start Without debugging)，运行程序，得到结果，见图 13-21。

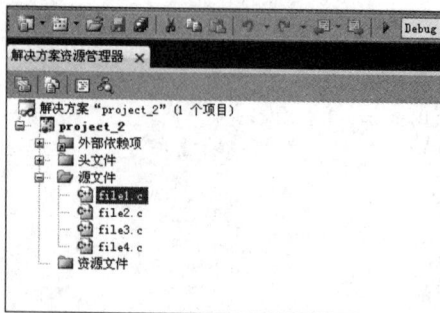

图　13-19

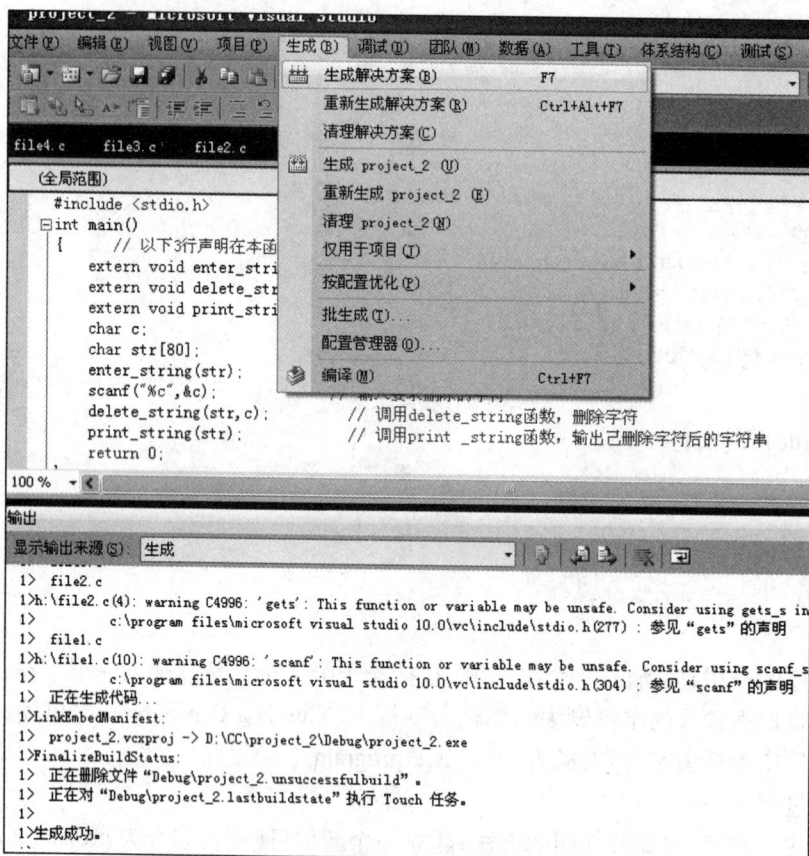

图　13-20

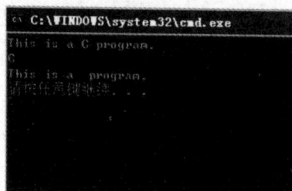

图　13-21

13.8　关于用 Visual Studio 2010 编写和运行 C 程序的说明

在"C 程序设计"课程中,接触到的大多是简单的程序,过去,初学者大都用 Visual C++ 6.0,比较方便,可以直接在 Visual C++ 6.0 的集成环境中编辑、编译和运行一个 C++ 程序。

Visual Studio 2010 功能丰富强大,对于处理复杂大型的任务是得心应手的。如果用它来处理简单的小程序,则如同杀鸡用宰牛刀。就像把火车轮子装在自行车上,反而觉得行动不便。例如,每运行一个 C 程序,都要分别为它建立一个解决方案和一个项目,运行 10 个程序往往要建立 10 个解决方案和 10 个项目,显得有些麻烦。但是在运行大程序时,反而不需要建立这么多个解决方案,而往往只需要一个解决方案就够了,在一个解决方案中包括多个项目,在项目中又包括若干文件,构成一个复杂的体系。Visual Studio 2010 提供的功能对处理大型任务是很有效的。

作者认为,大学生学习"C 程序设计"课程,主要是学习怎样利用 C 语言进行程序设计。为了上机运行程序,当然需要有编译系统(或集成环境),但它只是一种手段。从教学的角度说,用哪一种编译系统或集成环境都是可以的。不要把学习重点放在某一种编译环境上。建议读者开始时对 Visual Studio 不必深究,不必了解其全部功能和各种菜单的用法,只要掌握本章介绍的基本方法,能运行 C 程序即可,在使用过程中再逐步扩展和深入。

如果将来成为专业的 C/C++ 程序开发人员,并且采用 Visual Studio 2010 作为开发工具,就需要深入研究并利用 Visual Studio 提供的强大丰富功能和丰富资源,以提高工作效率与质量。

Visual Studio 2008 和 Visual Studio 2010 的用法基本上是一样的,因此对 Visual Studio 2008 不再另作介绍。

第四部分

上 机 实 验

第14章

实 验 指 导

14.1　上机实验的目的

学习 C 语言程序设计课程不能满足于能看懂书上的程序,而应当熟练地掌握程序设计的全过程,即独立编写出源程序,独立上机调试程序,独立运行程序和分析结果。

程序设计是一门实践性很强的课程,必须保证有足够的上机实验时间,学习本课程应该至少有 20 小时的上机时间,最好能做到与授课时间之比为 1∶1。除了教师指定的上机实验以外,应当提倡学生自己课余抽时间多上机实践。

上机实验的目的绝不仅是为了验证教材和讲课的内容,或者验证自己所编的程序正确与否。学习程序设计,上机实验的目的应当有如下几点。

(1) 加深对程序的理解。进一步了解在设计好一个算法后,怎样用程序去实现它。进一步认识程序与算法的关系。程序是用计算机语言表示的算法。即使有了正确的算法,如果不正确运行程序,算法仍然没有实现。只有正确运行了程序,并得到正确的结果,才实现了算法。因此,读者不仅要了解怎样设计算法,也要了解怎样实现算法。通过运行和调试程序,进一步理解和掌握算法。

(2) 通过运行和调试程序,进一步掌握 C 语言。为了编写和运行 C 程序,就必须掌握 C 语言。但是光靠课堂讲授是难以掌握的。要求初学者记住 C 的许多语法规定细节,不仅枯燥无味,而且没有必要,但它们又很重要。通过上机来掌握 C 语言的正确运用是行之有效的方法。通过多次上机,就能自然地、熟练地掌握。

(3) 了解和熟悉 C 语言程序开发的环境。一个程序必须在一定的外部环境下才能运行,所谓"环境",就是指所用的计算机系统的硬件和软件条件。使用者应该了解,为了运行一个 C 程序需要哪些必要的外部条件(例如硬件配置、软件配置),可以利用哪些系统的功能来帮助自己开发程序。每一种计算机系统的功能和操作方法不完全相同,但只要熟练掌握一两种计算机系统的使用,再遇到其他系统时便会触类旁通,很快就能学会。

(4) 学会上机调试程序的方法。也就是善于发现程序中的错误,并且能很快地排除这些错误,使程序能正确运行。经验丰富的人在编译和连接过程中出现"出错信息"时,一般能很快地判断出错误所在,并改正。而缺乏经验的人即使在明确的"出错提示"下也往往找不出错误而求救于别人。

调试程序本身是程序设计课程的一项重要的内容和基本要求,应给予充分的重视。

调试程序固然可以借鉴他人的现成经验，但更重要的是通过自己的直接实践来积累经验，而且有些经验是只能"意会"，难以"言传"。别人的经验不能代替自己的经验。调试程序的能力是每个程序设计人员应当掌握的一项基本功。

因此，在进行实验时千万不要认为程序通过后就万事大吉、完成任务了。即使运行结果正确，也不等于程序质量高和很完善。在得到正确的结果以后，还应当考虑是否可以对程序做一些改进。

在进行实验时，在调试通过程序以后，可以进一步进行思考，对程序做一些改动（例如修改一些参数、增加程序的一些功能、改变输入数据的方法等），再进行编译、连接和运行。甚至于"自设障碍"，即把正确的程序改为有错的（例如用 scanf 函数输入变量时，漏写"&"符号；使数组下标出界；使整数溢出等），观察和分析所出现的情况。这样的学习才会有真正的收获，是灵活主动的学习而不是呆板被动的学习。

14.2　上机实验前的准备工作

在上机实验前应事先做好准备工作，以提高上机实验的效率。准备工作至少应包括：

（1）了解所用的计算机系统（包括 C 编译系统）的性能和使用方法。

（2）复习和掌握与本实验有关的教学内容。

（3）准备好上机所需的程序。手编程序应书写整齐，经人工检查无误后才能上机，以提高上机效率。初学者切忌不编程序或抄别人的程序去上机，应从一开始就养成严谨的科学作风。

（4）对运行中可能出现的问题事先作出估计，对程序中自己有疑问的地方，应作出记号，以便在上机时给予注意。

（5）准备好调试和运行时所需的数据。

14.3　上机实验的步骤

上机实验时应该一人一组，独立上机。上机过程中出现的问题，除了是系统的问题以外，一般应自己独立处理，不要动辄问教师，尤其对"出错信息"应善于自己分析判断。这是学习调试程序的良好机会。

上机实验一般应包括以下几个步骤：

（1）进入 C 工作环境（例如 Visual C++ 6.0 集成环境）。

（2）输入自己所编好的程序。

（3）检查一遍已输入的程序是否有错（包括输入错的和编程中的错误），如发现有错，及时改正。

（4）进行编译和连接。如果在编译和连接过程中发现错误，屏幕上会出现"出错信息"，根据提示找到出错位置和原因，加以改正。再进行编译……如此反复直到顺利通过编译和连接为止。

（5）运行程序并分析运行结果是否合理和正确。在运行时要注意当输入不同数据时所得到的结果是否正确(例如,解 $ax^2 + bx + c = 0$ 方程时,不同的 a, b, c 组合所得到对应的不同结果)。此时应运行几次,分别检查在不同情况下程序是否正确。

(6)输出程序清单和运行结果。

14.4　实验报告

实验后,应整理出实验报告。实验报告应包括以下内容:

(1)题目。

(2)程序清单(计算机打印出的程序清单)。

(3)运行结果(必须是上面程序清单所对应打印输出的结果)。

(4)对运行情况所做的分析以及本次调试程序所取得的经验。如果程序未能通过,应分析其原因。

14.5　实验内容安排的原则

课后复习、完成习题和上机实验应统一考虑,紧密结合,逐步深入。教师可从教材提供的习题中,根据教学要求选择若干题要求学生完成,其中包括必做题和选做题,选做题难度大一些,应有利于培养学生的思维能力和应用能力。在指定的习题中,指定全部或一部分作为上机题,建议其中至少有一题难度稍大一些。

本书给出 12 个实验内容,教材中每章的内容对应 1～2 次实验,每次实验包括 4 个题目,上机时间每次为 2 小时。在组织上机实验时可以根据条件做必要的调整,增加或减少某些部分。在实验内容中有"＊"的部分是选做的题目,希望有条件的学生尽可能选做。

学生应在实验前将教师指定的题目编好程序,然后上机输入和调试。

第 15 章

实 验 安 排

15.1 实验1 C程序的运行环境和运行C程序的方法

1. 实验目的

(1) 了解所用的计算机的C编译系统的基本情况和使用方法,学会使用该系统。

(2) 了解在该系统上如何编辑、编译、连接和运行一个C程序。

(3) 通过运行简单的C程序,初步了解C源程序的特点。

2. 实验内容

(1) 检查所用的计算机系统是否已安装了C编译系统并确定它所在的子目录。

(2) 进入所用的集成环境。

(3) 熟悉集成环境的界面和有关菜单的使用方法。

(4) 输入并运行一个简单的、正确的程序。

① 输入下面的程序:

```c
#include<stdio.h>
int main()
{
  printf ("This is a C program.\n");
  return 0;
}
```

② 仔细观察屏幕上的已输入的程序,检查有无错误。

③ 根据本书第三部分介绍的方法对源程序进行编译,观察屏幕上显示的编译信息。如果出现"出错信息",则应找出原因并改正,再进行编译。如果无错,则进行连接。

④ 如果编译连接无错误,使程序运行,观察分析运行结果。

(5) 输入并编辑一个有错误的C程序。

① 输入以下程序(教材第1章中例1.2,故意漏打或错打几个字符)。

```c
#include<stdio.h>
int main()
```

```
    { int a,b,sum
      a =123; b =456;
      sum = a +b
      print ("sum is %d\n", sum);
      return 0;
    }
```

② 进行编译,仔细分析编译信息窗口,可能显示有多个错误,逐个修改,直到不出现错误。最后请与教材上的程序对照。

③ 使程序运行,分析运行结果。

(6) 输入并运行一个需要在运行时输入数据的程序。

① 输入下面的程序:

```
#include < stdio.h >
int main()
  { int max(int x,int y);
    int a, b, c;
    printf("input a & b: ");
    scanf("%d,%d",&a,&b);
    c =max(a,b);
    printf("max =%d\\n",c);
    return 0;
  }

int max(int x,int y)
  { int z;
    if (x >y) z =x;
    else z =y;
    return (z);
  }
```

② 编译并运行,在运行时从键盘输入整数 2 和 5,然后按"回车"键,观察运行结果。

③ 将程序中的第 4 行改为

```
int a;b;c;
```

再进行编译,观察其结果。

④ 将 max 函数中的第 3 行和第 4 行合并写为一行,即

```
if (x >y) z =x; else z =y;
```

进行编译和运行,分析结果。

(7) 运行一个自己编写的程序。题目是教材第 1 章的习题 1.3。即输入 a,b,c 三个值,输出其中最大者。

① 输入自己编写的源程序。

② 检查程序有无错误(包括语法错误和逻辑错误),有则改之。

③ 编译和连接,仔细分析编译信息,如有错误应找出原因并改正。

④ 运行程序,输入数据,分析结果。

⑤ 自己修改程序(例如故意改成错的),分析其编译和运行情况。

⑥ 将调试好的程序保存在自己的用户目录中,文件名自定。

⑦ 将编辑窗口清空,再将该文件读入,检查编辑窗口中的内容是否是刚才存盘的程序。

⑧ 关闭所用的集成环境,用 Windows 中的"我的电脑"找到刚才使用的用户子目录,浏览其中文件,看有无刚才保存的后缀为 .c 和 .exe 的文件。

3. 预习内容

(1)《C 程序设计教程(第3版)》第1章。

(2) 本书第三部分第12章。

15.2　实验2　最简单的 C 程序设计——顺序程序设计

1. 实验目的

(1) 掌握 C 语言中使用最多的一种语句——赋值语句的使用方法。

(2) 掌握各种类型数据的输入输出方法,能正确使用各种格式声明。

(3) 进一步掌握编写程序和调试程序的方法。

2. 实验内容

(1) 通过下面的程序掌握 C 的输入输出方法,掌握各种类型数据所适用的格式声明。

① 输入以下程序:

```
#include < stdio.h >
int main()
  { int a, b;
    float d, e;
    char c1, c2;
    double f, g;
    long m, n;
    unsigned int p,q;
    a =61; b =62;
    c1 = 'a'; c2 = 'b';
    d =3.56; e = -6.87;
    f =3157.890121; g =0.123456789;
    m =50000; n = -60000;
    p =32768; q =40000;
    printf("a =%d, b =%d\nc1 =%c, c2 =%c \nd =%6.2f,e =%6.2f \n",a,b,c1,c2,d,e);
    printf("f =%15.6f,g =%15.12f \nm =%ld,n =%ld \np =%u,q =%u \n",f,q,m,n,p,q);
```

```
        return 0;
    }
```

② 运行此程序并分析结果。

③ 在此基础上,将程序第 10 ~ 14 行改为

```
c1 = a; c2 = b;
f = 3157.890121; g = 0.123456789;
d = f; e = g;
p = a = m = 50000; q = b = n = -60000;
```

运行程序,分析结果。

④ 改用 scanf 函数输入数据而不用赋值语句,scanf 函数如下:

```
scanf("%d,%d,%c,%c,%f,%f,%lf,%lf,%ld,%ld,%u,%u", &a, &b, &c1, &c2, &d, &e,
&f, &g, &m, &n, &p, &q);
```

输入的数据如下:

```
61, 62, a, b, 3.56, -6.87, 3157.890121, 0.123456789, 50000, -60000, 37678,
40000↙
```

分析运行结果。

💡 说明:lf 和 ld 格式符分别用于输入 double 型和 long 型数据。

⑤ 在④的基础上将 printf 语句改为

```
printf("a = %d, b = %d\nc1 = %c, c2 = %c\nd = %15.6f, e = %15.12f\n", a, b, c1, c2, d,
    e);
printf("f = %f, g = %f\nm = %d, n = %d\np = %d, q = %d\n", f, g, m, n, p, q);
```

运行程序。

⑥ 将 p,q 改用%o 格式符输出。

⑦ 将 scanf 函数中的%lf 和%ld 改为%f 和%d,运行程序并观察分析结果。

(2) 按习题 2.5 要求编写程序,并上机运行。题目如下:

输入一个华氏温度,要求输出摄氏温度。公式为

$$C = \frac{5}{9}(F - 32)$$

输出要有文字说明,取 2 位小数。

① 输入事先已编好的程序,并运行该程序。分析是否符合要求。

② 要求输出 3 位小数,对第 4 位小数四舍五入。

(3) 按习题 2.6 要求编写程序,并上机运行。题目如下:

设圆半径 $r = 1.5$,圆柱高 $h = 3$,求圆周长、圆面积、圆球表面积、圆球体积、圆柱体积。用 scanf 输入数据,输出计算结果。输出时要有文字说明,取小数点后两位数字。

(4) 按习题 2.8 的要求编好程序,该题的要求是:

要将"China"译成密码,密码规律是:用原来的字母后面第 4 个字母代替原来的字母。例如,字母 A 后面第 4 个字母是 E,用 E 代替 A。因此,"China"应译为"Glmre"。请

编写程序,用赋初值的方法使 c1,c2,c3,c4,c5 这五个变量的值分别为 'C','h','i','n','a',经过运算,使 c1,c2,c3,c4,c5 的值分别改变为 'G','l','m','r','e',并输出。

① 输入事先已编好的程序,并运行该程序。分析是否符合要求。

② 修改题目,使 c1,c2,c3,c4,c5 的初值分别为 'T','o','d','a','y'。对译码规律做如下补充:'W'用'A'代替,'X'用'B'代替,'Y'用'C'代替,'Z'用'D'代替。修改程序并运行。

③ 将译码规律修改为:将一个字母被它前面第 4 个字母代替,例如 'E'用'A'代替,'Z'用'U'代替,'D'用'Z'代替,'C'用'Y'代替,'B'用'X'代替,'A'用'V'代替。修改程序并运行。

3. 预习内容

预习教材第 2 章。

15.3　实验 3　选择结构程序设计

1. 实验目的

（1）结合程序初步掌握一些简单的算法。

（2）了解 C 语言表示逻辑量的方法（以 0 代表"假",以非 0 代表"真"）。

（3）学会正确使用逻辑运算符和逻辑表达式。

（4）熟练掌握 if 语句的使用（包括 if 语句的嵌套）。

（5）熟练掌握多分支选择语句——switch 语句。

（6）进一步学习调试程序的方法。

2. 实验内容

本实验要求事先编好解决下面问题的程序,然后上机输入程序并调试运行程序。

（1）有一函数:

$$y = \begin{cases} x & (x < 1) \\ 2x - 1 & (1 \leqslant x < 10) \\ 3x - 11 & (x \geqslant 10) \end{cases}$$

用 scanf 函数输入 x 的值,求 y 值（本题是教材第 3 章习题 3.3）。

运行程序,输入 x 的值（分别为 $x < 1$、$1 \sim 10$、$x \geqslant 10$ 这三种情况）,检查输出的 y 值是否正确。

（2）给出一个百分制成绩,要求输出成绩等级 A,B,C,D,E。90 分以上为 A,81 ~ 89 分为 B,70 ~ 79 分为 C,60 ~ 69 分为 D,60 分以下为 E（本题是教材第 3 章习题 3.4）。

① 事先编好程序,要求分别用 if 语句和 switch 语句来实现。运行程序,并检查结果是否正确。

② 再运行一次程序,输入分数为负值（如 - 70）,这显然是输入时出错,不应给出等级,修改程序,使之能正确处理任何数据,当输入数据大于 100 和小于 0 时,通知用户"输入数据错",程序结束。

（3）给一个不多于 5 位的正整数,要求:①求出它是几位数;②分别输出每一位数字;③按逆序输出各位数字,例如原数为321,应输出123(本题是教材第3章习题3.5)。

应准备以下测试数据:

- 要处理的数为1位正整数;
- 要处理的数为2位正整数;
- 要处理的数为3位正整数;
- 要处理的数为4位正整数;
- 要处理的数为5位正整数。

除此之外,程序还应当对不合法的输入做必要的处理,例如:

- 输入负数;
- 输入的数超过5位(如123456)。

(4)输入4个整数,要求按由小到大顺序输出(本题是教材第3章习题3.7)。

在得到正确结果后,修改程序使之按由大到小顺序输出。

3. 预习内容

预习教材第3章。

15.4 实验4 循环结构程序设计

1. 实验目的

(1)熟悉掌握用 while 语句、do-while 语句和 for 语句实现循环的方法。
(2)掌握在程序设计中用循环的方法实现一些常用算法(如穷举、迭代、递推等)。
(3)进一步学习调试程序。

2. 实验内容

编程序并上机调试运行。

(1)百鸡问题:公元5世纪末,我国古代数学家张丘建在他编写的《算经》里提出了"百鸡问题":"鸡翁一,值钱五;鸡母一,值钱三;鸡雏三,值钱一。"百钱买百鸡,问鸡翁、母、雏各几何?"说成白话文是:"公鸡每只值5元,母鸡值3元,小鸡3个值1元。用100元买100只鸡,问公鸡、母鸡、小鸡各应买多少只?"(本题是教材第4章习题4.3)。

① 请对公鸡、母鸡和小鸡所有的组合进行穷举,找出其中满足"百钱买百鸡"条件的组合。运行程序,分析结果。

② 利用已给定的"百钱买百鸡"条件,减少穷举次数,再编写一个程序,并对两个程序进行比较。

(2)猴子吃桃问题。猴子第一天摘下若干个桃子,当即吃了一半,还不过瘾,又多吃了一个。第二天早上又将剩下的桃子吃掉一半,又多吃了一个。以后每天早上都吃了前一天剩下的一半零一个。到第10天早上想再吃时,见只剩一个桃子了。求第一天共摘了多少桃子(本题是教材第4章习题4.4)。

① 请用"反推法"编程,并上机运行。分析运行结果。

② 修改题目，改为猴子每天吃了前一天剩下的一半后，再吃两个。请修改程序并运行，检查结果是否正确。

（3）输入一行字符，分别统计出其中的英文字母、空格、数字和其他字符的个数（本题是教材第4章习题4.6）。

在得到正确结果后，请修改程序使之能分别统计大小写字母、空格、数字和其他字符的个数。

（4）两个乒乓球队进行比赛，各出3人。甲队为A，B，C 3人，乙队为X，Y，Z 3人。已抽签决定比赛名单。有人向队员打听比赛的名单，A说他不和X比，C说他不和X，Z比，请编写程序找出3对赛手的名单。（本题是教材第4章习题4.15）。

*（5）用牛顿迭代法求方程 $2x^3 = 4x^2 + 3x - 6 = 0$ 在1.5附近的根（本题是教材第4章习题4.13，学过高等数学的读者可选做此题）。

① 根据题目要求，采用迭代算法，编写程序，上机运行，分析结果。

② 修改程序使所设的 x 初始值，由1.5改变为100，1000，10000，再运行，观察结果，分析不同的 x 初值对结果有没有影响，为什么？

③ 修改程序，使之能输出迭代的次数和每次迭代的中间结果。分析不同的 x 初始值对迭代的次数有无影响。

3. 预习内容

预习教材第4章。

15.5 实验5 利用数组（一）

1. 实验目的

（1）掌握一维数组和二维数组的定义、赋值和输入输出的方法；

（2）掌握与数组有关的算法（特别是排序算法）。

2. 实验内容

编程序并上机调试运行。

（1）用选择法对10个整数排序。10个整数用 scanf 函数输入（本题是教材第5章习题5.2）。

（2）已有一个已排好序的数组，要求输入一个数后，按原来排序的规律将它插入数组中（本题是教材第5章习题5.4）。

（3）输出"魔方阵"。所谓魔方阵是指这样的方阵，它的每一行、每一列和对角线之和均相等。例如，三阶魔方阵为

8 1 6

3 5 7

4 9 2

要求输出由 $1 \sim n^2$ 的自然数构成的魔方阵（本题是教材第5章习题5.7）。

*（4）找出一个二维数组的"鞍点"，即该位置上的元素在该行上最大，在该列上最小，也可能没有鞍点（本题是教材第 5 章习题 5.8）。

① 假设二维数组为 4 行 5 列。用 scanf 函数从键盘输入数组各元素的值，检查结果是否正确。

需要至少准备两组测试数据：

● 二维数组有鞍点，例如：

9	80	205	40
90	−60	96	1
210	−3	101	89

● 二维数组没有鞍点，例如：

9	80	205	40
90	−60	196	1
210	−3	101	89
45	54	156	7

② 如果已指定了数组的行数和列数，可以在程序中对数组元素赋初值，而不必用 scanf 函数。请读者修改程序以实现。

③ 修改程序，以能处理行数和列数不超过 10 的数组。具体的行数和列数在程序运行时由 scanf 函数输入。

3. 预习内容

预习教材第 5 章。

15.6　实验 6　利用数组（二）

1. 实验目的

（1）掌握一维数组和二维数组的定义、赋值和输入输出的方法。

（2）掌握与数组有关的算法。

（3）掌握字符数组和字符串函数的使用。

2. 实验内容

（1）有 15 个数按由大到小顺序存放在一个数组中，输入一个数，要求用折半查找法找出该数是数组中第几个元素的值。如果该数不在数组中，则输出"无此数"（本题是教材第 5 章习题 5.9）。

① 编写程序，运行程序。先后输入以下几种情况的数据：

● 要找的数是中间位置上的数（第 8 个数）。

● 要找的数是第 1 个数。

● 要找的数在数组中不存在。

② 修改程序，使之能输出经过几次查找才找到的信息。

（2）有一篇文章，共有3行文字，每行有80个字符。要求分别统计出其中英文大写字母、小写字母、数字、空格以及其他字符的个数（本题是教材第5章习题5.10）。

（3）有一行电文，已按下面规律译成密码：

A→Z a→z

B→Y b→y

C→X c→x

　⋮　⋮

即第1个字母变成第26个字母，第i个字母变成第(26−i+1)个字母。非字母字符不变。要求编写程序将密码译回原文，并输出密码和原文（本题是教材第5章习题5.12）。

（4）输入10个国名，要求按字母顺序输出（本题是教材第5章习题5.16）。

*（5）编写一个程序，将字符数组 s2 中的全部字符复制到字符数组 s1 中。不用strcpy函数。复制时，'\0'也要复制过去。'\0'后面的字符不复制（本题是教材第5章习题5.15）。

3. 预习内容

预习教材第5章。

15.7　实验7　函数调用（一）

1. 实验目的

（1）掌握怎样定义和调用函数。

（2）掌握怎样对函数进行声明。

（3）掌握调用函数时实参与形参的对应关系，以及"值传递"的方式。

2. 实验内容

（1）写一个判别素数的函数，在主函数输入一个整数，输出是否是素数的信息（本题是教材第6章习题6.3）。

本程序应当准备以下测试数据：17,34,2,1,0。分别运行并检查结果是否正确。

要求所编写的程序，主函数的位置在其他函数之前，在主函数中对其所调用的函数作声明。

① 输入程序，编译和运行程序，分析结果。

② 将主函数的函数声明删去，再进行编译，分析编译结果。

③ 把主函数的位置改为在其他函数之后，在主函数中不含函数声明。

④ 保留判别素数的函数，修改主函数，要求实现输出100～200的素数。

（2）写一个函数，将一个字符串中的元音字母复制到另一字符串，然后输出（本题是教材第6章习题6.7）。

① 输入程序，编译和运行程序，分析结果。

② 分析函数声明中参数的写法。先后用以下两种形式：

（a）函数声明中参数的写法与定义函数时的形式完全相同，如：

```
void cpy(char [],char c[]);
```

（b）函数声明中参数的写法与定义函数时的形式完全相同，略写数组名。如：

```
void cpy(char s[ ],char [ ]);
```

分别编译和运行，分析结果。

③ 思考形参数组为什么可以不指定数组大小，如：

```
void cpy(char s[80],char [80])
```

如果随便指定数组大小行不行，如：

```
void cpy(char s[40],char [40])
```

请分别上机试一下。

（3）输入 10 个学生 5 门课的成绩，分别用函数实现下列功能：

① 计算每个学生平均分。

② 计算每门课的平均分。

③ 找出所有 50 个分数中最高的分数所对应的学生和课程。

（本题是教材第 6 章习题 6.13）。

（4）用一个函数来实现将一行字符串中最长的单词输出。此行字符串从主函数传递给该函数（本题是教材第 6 章习题 6.10）。

3. 预习内容

教材第 6 章。

15.8 实验 8 函数调用（二）

1. 实验目的

（1）掌握函数的嵌套调用的方法。

（2）掌握利用递归函数实现递归算法。

（3）了解全局变量和局部变量的概念和用法。

2. 实验内容

（1）写一个函数，用"起泡法"对输入的 10 个字符按由小到大顺序排列（本题是教材第 6 章习题 6.11）。

① 编写好程序，输入程序，运行程序。

② 改为按由大到小的顺序排列。

（2）输入 4 个整数，找出其中最大的数。用函数的递归调用来处理（本题是教材第 6 章习题 6.16）。

①输入程序，进行编译和运行，分析结果。

②分析嵌套调用和递归调用函数在形式上和概念上的区别。在本例中既有嵌套调用也有递归调用，哪个属于嵌套调用？哪个属于递归调用？

③改用非递归方法处理此问题，编程并上机运行。对比分析两种方法的特点。

（3）用递归法将一个整数 n 转换成字符串。例如，输入 483，应输出字符串"483"。n 的位数不确定，可以是任意位数的整数（本题是教材第 6 章习题 6.17）。

①只考虑 n 为正整数。运行程序。

②考虑 n 可能为 0 或负整数的情况，也应能输出相应的信息。

（4）求两个整数的最大公约数和最小公倍数，用一个函数求最大公约数。用另一函数根据求出的最大公约数求最小公倍数（本题是教材第 6 章习题 6.1）。

①不用全局变量，分别用两个函数求最大公约数和最小公倍数。两个整数在主函数中输入，并传送给函数 hcf，求出的最大公约数返回主函数，然后再与两个整数一起作为实参传递给函数 lcd，以求出最小公倍数，返回到主函数输出最大公约数和最小公倍数。

*②用全局变量的方法，分别用两个函数求最大公约数和最小公倍数，但其值不由函数带回。将最大公约数和最小公倍数都设为全局变量，在主函数中输出它们的值。

分别用以上两种方法编程并运行，分析对比。

3. 预习内容

教材第 6 章。

15.9　实验 9　善用指针（一）

1. 实验目的

（1）掌握指针和间接访问的概念，会定义和使用指针变量。

（2）能正确使用数组的指针和指向数组的指针变量。

（3）能正确使用字符串的指针和指向字符串的指针变量。

2. 实验内容

编写程序并上机调试运行以下程序（都要求用指针处理）。

（1）输入 3 个整数，按由小到大的顺序输出，然后将程序改为：输入 3 个字符串，按由小到大顺序输出（本题是教材第 7 章习题 7.1 和习题 7.2）。

①先编写一个程序，以处理输入 3 个整数，按由小到大的顺序输出。运行此程序，分析结果。

②把程序改为能处理输入 3 个字符串，按由小到大的顺序输出。运行此程序，分析结果。

③比较以上两个程序，分析处理整数与处理字符串有什么不同？例如：

（a）怎样得到指向整数（或字符串）的指针；

（b）怎样比较两个整数（或字符串）的大小；

(c) 怎样交换两个整数(或字符串)。

(2) 写一函数,求一个字符串的长度。在 main 函数中输入字符串,并输出其长度(本题是教材第 7 章习题 7.6)。

在程序中分别按以下两种情况处理:

① 函数形参用指针变量;

② 函数形参用数组名。

作分析比较,掌握其规律。

(3) 将一个 3×3 的整型二维数组转置,用一函数实现之(本题是教材第 7 章习题 7.9)。

在主函数中用 scanf 函数输入以下数组元素:

```
 1   3    5
 7   9   11
13  15   19
```

将数组第 1 行第 1 列元素的地址作为函数实参,在执行函数的过程中实现行列互换,函数调用结束后在主函数中输出已转置的二维数组。

请思考:

① 指向二维数组的指针,指向某一行的指针、指向某一元素的指针各应该怎样表示。

② 怎样表示 i 行 j 列元素及其地址。

(4) 将 n 个数按输入时顺序的逆序排列,用函数实现(本题是教材第 7 章习题 7.13)。

① 在调用函数时用数组名作为函数实参。

② 函数实参改为用指向数组首元素的指针,形参不变。

③ 分析以上二者的异同。

3. 预习内容

预习教材第 7 章。

15.10 实验 10 善用指针(二)

1. 实验目的

(1) 进一步掌握指针的应用。

(2) 能正确使用数组的指针和指向数组的指针变量。

(3) 能正确使用字符串的指针和指向字符串的指针变量。

2. 实验内容

根据题目要求,编写程序(要求用指针处理),运行程序,分析结果,并进行必要的讨论分析。

(1) 有 n 个整数,使前面各数顺序向后移 m 个位置,最后 m 个数变成最前面 m 个数。写一函数实现以上功能,在主函数中输入 n 个整数和输出调整后的 n 个数(本题是教材第 7 章习题 7.4)。

(2) 有 n 个人围成一圈,顺序排号。从第 1 个人开始报数(从 1 到 3 报数),凡报到 3 的人退出圈子,问最后留下的是原来第几号的人(本题是教材第 7 章习题 7.5)。

(3) 改写教材第 7 章例 7.7 程序:将数组 a 中 n 个整数按相反顺序存放。要求用指针变量作为函数的实参。

(4) 在主函数中输入 10 个等长的字符串。用另一函数对它们排序。然后在主函数输出这 10 个已排好序的字符串(本题是教材第 7 章习题 7.12)。

① 根据要求,编写和运行程序,得到预期结果。

*② 用指针数组处理上一题目,字符串不等长。主函数中输入 10 个等长的字符串。用另一函数对它们排序。然后在主函数输出这 10 个已排好序的字符串。

3. 预习内容

预习教材第 8 章。

15.11   实验 11   使用结构体

1. 实验目的

(1) 掌握结构体类型变量的定义和使用。
(2) 掌握结构体类型数组的概念和应用。
(3) 了解链表的概念和操作方法。

2. 实验内容

编写程序,然后上机调试运行。

(1) 有 5 个学生,每个学生的数据包括学号、姓名、3 门课的成绩,从键盘输入 5 个学生数据,要求输出 3 门课总平均成绩,以及最高分的学生的数据(包括学号、姓名、3 门课的成绩、平均分数)(本题是教材第 8 章习题 8.5)。

要求用一个 input 函数输入 5 个学生数据,用一个 average 函数求总平均分,用 max 函数找出最高分学生数据,总平均分和最高分的学生的数据都在主函数中输出。

(2) 13 个人围成一圈,从第 1 个人开始顺序报号 1,2,3。凡报到"3"者退出圈子,找出最后留在圈子中的人原来的序号。本题要求用链表实现(本题是教材第 8 章习题 8.6)。

*(3) 建立一个链表,每个结点包括学号、姓名、性别、年龄。输入一个年龄,如果链表中的结点所包含的年龄等于此年龄,则将此结点删去(本题是教材第 8 章习题 8.12)。

3. 预习内容

预习教材第 8 章。

15.12　实验 12　文件操作

1. 实验目的

（1）掌握文件以及缓冲文件系统、文件指针的概念。
（2）学会使用文件打开、关闭、读、写等文件操作函数。
（3）学会对文件进行简单的操作。

2. 实验内容

编写程序并上机调试运行。

（1）有 5 个学生，每个学生有 3 门课的成绩，从键盘输入以上数据（包括学生号、姓名、3 门课成绩），计算出平均成绩，将原有数据和计算出的平均分数存放在磁盘文件 stud 中（本题是教材第 9 章习题 9.3）。

设 5 名学生的学号、姓名和 3 门课成绩如下：

```
99101   Wang    89,98,67.5
99103    Li     60,80,90
99106    Fan    75.5,91.5,99
99110    Ling   100,50,62.5
99113    Yuan   58,68,71
```

在向文件 stud 写入数据后，应检查验证 stud 文件中的内容是否正确。

（2）将上题 stud 文件中的学生数据按平均分进行排序处理，将已排序的学生数据存入一个新文件 stu_sort 中（本题是教材第 9 章习题 9.4）。

在向文件 stu_sort 写入数据后，应检查验证 stu_sort 文件中的内容是否正确。

*（3）将上题已排序的学生成绩文件进行插入处理。插入一个学生的 3 门课成绩。程序先计算新插入学生的平均成绩，然后将它按成绩高低顺序插入，插入后建立一个新文件（本题是教材第 9 章习题 9.5）。

要插入的学生数据为

```
99108   Xin    90,95,60
```

在向新文件 stu_new 写入数据后，应检查验证 stu_new 文件中的内容是否正确。

3. 预习内容

预习教材第 9 章。

参 考 文 献

[1]　谭浩强. C 程序设计教程[M]. 2 版. 北京：清华大学出版社,2013.

[2]　谭浩强. C 程序设计教程学习辅导[M]. 2 版. 北京：清华大学出版社,2013.

[3]　谭浩强. C 程序设计教程[M]. 3 版. 北京：清华大学出版社,2018.

[4]　谭浩强. C 程序设计[M]. 5 版. 北京：清华大学出版社,2017.

[5]　谭浩强. C 程序设计(第五版)学习辅导[M]. 北京：清华大学出版社,2017.

[6]　谭浩强. C++ 程序设计[M]. 3 版. 北京：清华大学出版社,2015.

[7]　谭浩强. C++ 面向对象程序设计[M]. 2 版. 北京：清华大学出版社,2014.